AKADEMIE DER WISSENSCHAFTEN DER DDR

ACTA HYDROPHYSICA

Begründet von HANS ERTEL

Im Auftrag des Forschungsbereichs Geo- und Kosmoswissenschaften
herausgegeben von
S. DYCK, P. MAUERSBERGER, K. VOIGT

Band XXIX, Heft 2/3

mit 35 Abbildungen und 24 Tabellen

AKADEMIE-VERLAG BERLIN
1985

Die ACTA HYDROPHYSICA erscheinen unter der Mitwirkung von
O. Czepa, H. Hartke, G. Schellenberger

Anschriften der Herausgeber:

Prof. Dr. S. Dyck
Technische Universität Dresden, Sektion Wasserwesen,
Bereich Hydrologie und Meteorologie
DDR-8027 Dresden, Mommsenstr. 13

Prof. Dr. P. Mauersberger
Akademie der Wissenschaften der DDR,
Institut für Geographie und Geoökologie, Bereich Hydrologie
DDR-1162 Berlin, Müggelseedamm 260

Prof. Dr. K. Voigt
Akademie der Wissenschaften der DDR,
Institut für Meereskunde
DDR-2530 Rostock-Warnemünde, Seestraße 15

Redaktion:

Dipl.-Phil. K. Hasert
Akademie der Wissenschaften der DDR
DDR-1086 Berlin, Leipziger Straße 3–4

Manuskriptsendungen werden an einen der Herausgeber erbeten. Es können Originalarbeiten in deutscher, russischer und englischer Sprache eingereicht werden. Die Autoren werden gebeten, an den Anfang jeder Arbeit Zusammenfassungen in deutscher und englischer (Summary) sowie ggf. in russischer Sprache (Резюме) zu stellen. Von jedem Beitrag werden 50 Sonderdrucke kostenfrei geliefert. Die ACTA HYDROPHYSICA erscheinen mit 4 Heften pro Band im Format A 5.

Erschienen im Akademie-Verlag Berlin, DDR-1086 Berlin, Leipziger Straße 3–4

Lizenznummer: 202 · 100/494/85
P 238/84
Printed in the German Democratic Republic
Gesamtherstellung: VEB Druckerei „Thomas Müntzer", 5820 Bad Langensalza
LSV 1465
Bestellnummer: 763 454 5 (2050/29/2–3)
03600

Inhaltsverzeichnis

Acta Hydrophysica, Berlin	Bd. XXIX	H. 2/3	(1985)	S. 87–92

The Role of Geophysical Factors in the Productivity of Reservoirs

By N. V. Butorin[1])

Summary: In spite of the fact that all the processes in reservoirs are to a great extent governed by human activities, the geophysical factors such as atmospheric circulation, wind, solar radiation and air temperature still exert a great influence upon them. The role of geophysical factors is especially prominent in transformation of shores and bottom grounds of reservoirs as well as in formation of hydrological regime and exchange of organic matter and nutrients between the water mass and the sediments. By changing environmental conditions for aquatic organisms and acting directly or indirectly upon aquatic animals they determine the regularities of aquatic ecosystem functioning and influence considerably its productivity.

Zusammenfassung: Wenngleich die sich in einem Stausee abspielenden Prozesse in hohem Maße durch menschliche Aktivitäten bestimmt werden, üben doch auch geophysikalische Faktoren, wie Luftzirkulation, Wind, Sonneneinstrahlung und Lufttemperatur, einen erheblichen Einfluß auf sie aus. Die Rolle der geophysikalischen Faktoren wird besonders deutlich bei der Umbildung der Ufer und des Untergrundes von Staubecken sowie in der Ausbildung des hydrologischen Regimes und beim Austausch organischen Materials zwischen Wassermasse und Sediment. Sie verändern die Umweltbedingungen der aquatischen Organismen und wirken direkt oder indirekt auf die Hydrobionten ein; damit bestimmen sie die Gesetzmäßigkeiten des Funktionierens des aquatischen Ökosystems und üben einen starken Einfluß auf seine Produktivität aus.

Резюме: Несмотря на то, что все процессы, протекающие в водохранилищах, в значительной степени определяются деятельностью человека, на них большое влияние оказывают и геофизические факторы, такие как атмосферная циркуляция, ветер, солнечная радиация, температура воздуха. Особенно заметна роль геофизических факторов в переформировании берегов и грунтов водохранилищ, формировании гидрологического режима, обмене органическим веществом и биогенными элементами между водной массой и донными осадками. Изменяя условия среды обитания водных

[1]) Prof. Dr. N. V. Butorin, Akademiya nauk SSSR, Institut biologii vnutrennykh vod, 152742 p/o Borok, Nekouzskyi rayon, Yaroslavskaya oblast, SSSR.

организмов, косвенно и прямо воздействуя на водных животных, они определяют закономерности функционирования экосистем этих водоемов и оказывают заметное влияние на их продуктивность.

Reservoirs differ essentially from natural water bodies by their origin, morphometry and regime. In the process of their formation, separate elements of the hydrological regime of the initial water body change completely in some parts and partially in others. Further, the hydrological regime of reservoirs, being an indirect result of the action of anthropogeneous and geophysical factors upon the water mass, differs essentially from the one of natural waters in some parameters important for aquatic life. This produces new habitats for hydrobionts and influences the biological productivity of these water bodies.

First of all, the formation of reservoirs leads to an increase in the surface area of the initial waters, and this fact gives rise to a growth of the total organic production and enhances the influence of geophysical factors upon aquatic life. A characteristic feature of reservoirs, especially on flat land, is in addition to the increase in area, its great variability both in the annual cycle and from year to year. For example, in the Rybinsk reservoir, having a surface of 4550 km^2 at normal head level, the area in winter sometimes diminishes almost by half. In the majority of reservoirs there is a temporarily flooded zone, which at a certain ratio of the water balance components may be completely dry.

A dried zone is a peculiar landscape element of reservoirs, which is subject to a particular influence of geophysical factors such as solar radiation, air temperature, and wind. A characteristic feature of this zone is freezing of the exposed ground during winter periods. Thus, in the Rybinsk reservoir during severe and little-snow winters the temperature in the surface ground layer of the dried zone drops down to 10—15 °C below zero, which leads to the death of the animals wintering in it. This zone differs from deep parts in that it is heated earlier in spring and cooled earlier in autumn, having higher absolute water temperatures in summer. The temperature changes in it involve the whole water thickness and the upper layer of bottom sediments in a short time. Flooding and drying of shallows result not only in a specific thermal regime of this zone but also alter the living conditions of plants and animals and thus greatly influence the course of biological processes. Of great importance are the duration of flooding and drying of the considered zone and also the times of the beginning and ending of these processes (cf. [2]).

The biological productivity of reservoir to a great extent depends on the character of the bottom sediments, which determine the development of the benthic fauna as a food base for fish, the quality of the spawning grounds and thus the formation of the fish stock. In their turn, the formation of the bottom sediments, their accumulation in reservoirs, their mechanical and chemical composition depend on geophysical processes conditioning the hydrodynamic activity of the water masses.

The role of geophysical factors is especially notable in transformation of shores and grounds of the shore zone and the reservoir shallows. Under their influence the abrasive activity of the water mass causes collapse of shores and washing away of the bottom of shallow parts. These processes are of particular intensity during the first years of the formation of reservoirs. E.g., in the Rybinsk reservoir in the first 15 years of its existence the volume of the collapsed ground per 1 metre of the shore line varied from 47 to 527 m^3 depending on the geological and morphological structure of the shore and the intensity of geophysical processes. In some parts of the Uglich reservoir the total volumes of the collapsed ground during the first 25 years amounted to about 87.5 and 69.5 m^3 per 1 metre of the shore line.

A significant part of the transformed material is deposited within a relatively narrow strip of the near-shore shallow at a distance of 10—160 m from the land. This hinders the growth of vegetation on the littoral, which in the Ivankovsk reservoir became fully established only in the 5th to 10th year of its existence.

The influence of geophysical factors is not confined to the action upon the shores and bottom of a water body. At a certain ratio between waves and depths it is expanded to shallows and underwater elevations in the deepwater of reservoirs. It has been established by now that the amount of autochthonous suspended matter formed due to erosion of such parts may be compared with amount produced by shore abrasion (cf. [3]).

These processes in addition, accelerate clearing of the reservoir bed from remnants of flooded woody vegetation, shrubs and peat mats. They also speed up the mineralization of the flooded soils and vegetation. All this is accompanied by alterations of the specific composition of the flora and fauna in reservoirs, by abundance of aquatic organisms, and finally it affects the aquatic life and productivity. It has been established on the example of the Rybinsk reservoir that the decrease in the area of flooded woods and bushes, dying off of the flooded terrestrial vegetation and intensive ground erosion have deteriorated the conditions for fish reproduction and resulted in change of their food base (cf. [4]).

An important factor influencing biological production processes is the exchange of organic matter and nutrients between water and bottom sediments. In relatively shallow reservoirs a large amount of organic matter is deposited into the bottom sediments. Estimations have shown that the nutrient pool in the bottom sediment in the Ivankovsk reservoir by 1976 made up 416000 tons of organic carbon, 43200 tons of total nitrogen and 15300 tons of total phosphorus. The corresponding figures for the Uglich reservoir by 1977 were 180000, 21400 and 9200 tons respectively. Wind mixing involving the whole water mass accelerates turnover of nutrients in the production — destruction cycle and thus increases the productivity of water bodies.

Geophysical together with anthropogenous factors exert a decisive influence upon the water balance. The water balance of reservoirs differs from that of lakes in a number of specific features, in its course and the ratio of influent and effluent components. In the influx part of the water balance in the majority of reservoirs the main role is played by surface drainage from the catchment, the magnitude and intensity of which are conditioned by geophysical processes. It constitutes more than 95% of the total inflow. Exceptions are given by reservoirs of arid areas with small specific catchments, e.g., the Bukhtarminsk reservoir, where the contribution of the inflow is 78—88%.

Atmospheric precipitation upon, and evaporation from, the water surface play a secondary role in the water balance of reservoirs of the temperate belt. Their contribution varies depending upon geographical location. Thus, evaporation in the Rybinsk reservoir makes up 6%, and in the Bukhtarminsk 17%.

Fluctuations of the main components of the water balance essentially influence the production processes, above all as a result of changes in the water level, the most significant of them occuring in spring. The peculiarities of this season are very important for biological processes, reproduction and development of fish population and other hydrobionts. An unfavourable level regime of spring may lead to drying up of the spawning grounds and high mortality of the lain eggs and fish youngs in cut-off parts of a water body.

The instability of the level influences the wave processes, which are greatly developed on large reservoirs. The maximum wave height in the Rybinsk reservoir during strong storms exceeds 250 cm, and in the lake part of the Gorkovsk reservoir it varies from 215 to 230 cm. During storms, waves of 320 cm in height have been observed on the Kuibyshev reservoir. The swell has a direct effect upon aquatic organisms and an indirect one by changing the environmental conditions. The latter is manifested first of all in changing the transparency of the water and consequently the light regime as well as the distribution of heat and hydrochemical characteristics.

Under the action of swell and wind upon water surface currents arise whose direction usually coincides with the direction of the shore line; their velocities may reach 100 cm/s or more. In large lake-like parts of reservoirs by wind a current is produced which is usually directed parallel to the wind, and the velocity in the surface layers makes up 0.4—7% of the wind speed. The wind currents in reservoirs are marked out for their complicated structure (see [1]) and play an important role in the horizontal transfer of the plankton communities.

Geophysical factors determine not only the peculiarities of the dynamics of the water mass in reservoirs but also the thermal regime, the latter being determined primarily by the solar radiation, which, being absorbed by water, is the main component of the heat balance. Thus in the Upper Volga reservoirs it constitutes 99% of the total heat influx for the ice-free period. The main components of the efflux are evaporation, which consumes about 50%, and effective radiation reaching about 30%. The remaining heat is consumed for changing of the heat content in the water mass and grounds as well as for the turbulence exchange. The peculiarities of the heat balance determine the heat content and distribution of temperature in the water mass and bottom sediment of reservoirs.

The influence of geophysical factors on the temperature regime of reservoirs is especially notable in the process of ice formation, ice cover establishment and ice melting. It are these factors that determine the peculiarities of these processes in certain years, the time and intensity of their development. In combination with anthropogenous factors they give rise to special ice conditions on reservoirs. In parts adjoining dams of hydroworks vast water areas remain ice-free during the whole winter or are covered with thin ice breaking from time to time. During strong winds or thaws cases of partial or complete ice cover destruction are observed on large reservoirs such as the Gorkovsk, Dubosarsk, or Tsymlyansk. Due to the influence mainly of geophysical factors the durations of the ice period on the reservoirs of the Volga, Kama, Dnepr, Don, Ob and Angara are different and vary within a wide range.

A specific feature of the ice regime on reservoirs is settling of the ice upon the bottom during lowering of the water level in winter, the ice then freezing together with the ground. This results in high mortality of the fish youngs and benthic invertebrates.

The geophysical factors also change the hydrochemical characteristics of reservoirs by affecting the water dynamics and changing certain elements of the hydrological regime. These problems are dealt with in a great body of literature, as a result of which we may point out that geophysical factors influence directly or indirectly not only physical but also chemical processes taking place in reservoirs. By changing the environmental conditions for aquatic organisms they determine the regularities of ecosystem functioning and exert a notable influence on their fish productivity. In consideration of the role of geophysical factors when developing measures for more complete utilization of biological resources and for rising their fish productivity is very important.

References

[1] BUTORIN, N. V., LITVINOV, A. S., FOMICHEV, I. F., i S. A. PODDUBNY, Gorizontalnaya tsirkulyatsiya vod v Rybinskom vodokhranilishche i vozmozhnye ego izmeneniya pri pereraspredelenii stoka. In: Ekologicheskie issledovaniya vodoyemov Volgo-Baltiyskoy i Severo-Dvinskoy vodnykh sistem, "Nauka", Leningrad 1982, 150–167.
[2] BUTORIN, N. V., KURDINA, T. N., i S. S. BAKASTOV, Temperatura vody i gruntov Rybinskogo vodokhranilishcha, "Nauka", Leningrad 1982.
[3] BUTORIN, N. V., ZIMINOVA, N. A., i V. P. KURDIN, Donnye otlozheniya verkhnevolzhskikh vodokhranilishch, "Nauka", Leningrad 1975.
[4] Rybinskoe vodokhranilishche i ego zhisn, "Nauka", Leningrad 1972.
[5] ZIMINOVA, N. A., and V. V. ZAKONNOV, Nutrient Accumulation in the Bottom Deposits of the Upper Volga Reservoirs. Verh. internat. Verein. Limnol. **21** (1981), 975–978.

Acta Hydrophysica, Berlin	Bd. XXIX	H. 2/3	(1985)	S. 93—152

Ergebnisse morphographischer und morphodynamischer Untersuchungen am Seestrand der Schaabe (Nord-Rügen)

Beiträge zur Gestaltung und Dynamik des Meeresstrandes und seines Massenumsatzes

Von J. F. Gellert

unter Mitwirkung von E. Heyer und G. Neumeyer[1])

Zusammenfassung: Auf Grund detaillierter Untersuchungen werden die äußeren Erscheinungen des Seestrandes der Schaabe (Nord-Rügen), wie die Steinigkeit und Körnung des Sandes, analysiert und die morphologische und landschaftliche Struktur des Strandes aus seiner Entwicklung erkundet. Es wird die Gesamtdynamik des Seestrandes, gegliedert in eine laterale (regionale) Dynamik über die ganze Länge und eine zeitliche (annuelle) Dynamik während der Beobachtungsjahre 1957—1968, erörtert und abschließend mit den hydrologischen (Wasserstand, Strömungen) und meteorologischen Verhältnissen (Starkwinde, Seegang) in der Tromper Wiek in Beziehung gesetzt. Dabei ergeben sich bemerkenswerte Korrelationen zwischen diesen Erscheinungen und der Entwicklung sowie dem sedimentologischen und morphologischen Charakter des Seestrandes.

Summary: Based on thorough observations, the external phenomena of the sea shore of the Schaabe isthmus (northern coast of Rügen island) such as the stone covering and grain-size distributions are analysed and the morphological and environmental structure of the beach is derived from its evolution. The author discusses the total dynamics of the sea shore, classified into lateral (regional) dynamics for its overall extension and temporal (annual) dynamics governing in the course of the years of observation (1957—1968). In conclusion, this dynamical situation is related with the hydrological (sea level, littoral currents) and meteorological conditions (strong winds, waves) prevailing in the adjacent bay (Tromper Wiek). As a result, remarkable correlations between these marine phenomena, on the one hand, and the development of the sea shore as well as its sedimentological and morphological character, on the other hand, may be stated.

Резюме: На основании подробных наблюдений и исследований анализируются внешние явления морского берега Шаабе на севере острова Рюген, как каменистость и зернистость песка, и исследуется морфолого-

[1]) Prof. em. Dr. habil. Johannes F. Gellert, DDR-1500 Potsdam, Helene-Lange-Straße 8; Prof. em. Dr. habil. Ernst Heyer, DDR-1500 Potsdam, Michendorfer Chaussee 2; Dipl.-Geogr. Gerlinde Neumeyer, DDR-7030 Leipzig Johannes-R.-Becher-Straße 4.

ландшафтная структура берега из ее развития. Разбирается общая динамика пляжа, расчлененная в латеральную (региональную) динамику пляжа в длину 108 стометров и временную (годовой ход) динамику с 1957 по 1968г. В заключении, эта динамическая ситуация сравнивается с гидрологическими (уровень воды, течения) и метеорологическими отношениями (сильный ветер, вольнение) в участке моря Тромпер Вик. При этом показывается ряд достойных внимания корреляций между этими явлениями и развитием и седиментологическим и морфологическим характером морского берега.

1. Einleitung

In den einschlägigen Lehr- und Handbüchern gibt es keine wissenschaftliche Definition des Begriffes „Strand", die die Realitäten dieser Erscheinung in ihren charakteristischen Eigenschaften (Areal, Struktur, Genese, Prozesse, Funktionen) umfaßt (Valentin [57]). Als Merkmale eines Strandes werden in der Literatur einzeln oder gekoppelt (Gellert [16])

- seine Lage zwischen Land und Meer und damit
  - seine Zugehörigkeit zur Küste bzw. zum (Meeres-) Ufer,
  - als Teil des Landes,
  - als Teil des Meeresbodens,
- sein Areal zwischen bestimmten Linien und Niveaus:
  - zwischen der Küstenlinie landwärts und der Ufer- oder Strandlinie seewärts,
  - zwischen der Küstenlinie landwärts und dem MW-Niveau oder Seekartennull seewärts,
- seine substantielle Zusammensetzung aus Sand, Kies und Geröllen sowie gegebenenfalls Blöcken

angesprochen. Nur wenige Autoren, unter ihnen betont in neuerer Zeit Brauckhoff [2], ziehen die Brandung der Meereswellen und die Funktion des Strandes als Wirkungsbereich marin-litoraler und subaerischer Prozesse (fälschlicherweise als „Aufgabe, das Hinterland bei Sturmfluten zu schützen" umschrieben) zur Merkmalscharakterisierung des Strandes heran. Im Rahmen einer modernen dynamischen Betrachtung kommt jedoch allen Merkmalen des Strandes große Bedeutung zu: seiner Gestalt und seinem Kleinstformengefüge, seinem Aufriß (Profil) und Grundriß einschließlich seiner Begrenzung in der Vertikalen (zu NN oder Pegelnull (PN), zu bestimmten Wasserständen oder zur Höhe der Wirkung der Sturmbrandung) und in der Horizontalen (Verlauf und Gestalt insbesondere der Strandkante oder Uferlinie), ferner der Art und Menge seiner Substanz, ihrer räumlichen Verteilung und ihren Veränderungen. Die Kenntnis dieser Strukturelemente gestattet Aussagen über die den Strand bildenden und stetig umformenden Prozesse. Ihre Erforschung und Modellierung ist daher eine wichtige Aufgabe der dynamischen Küstenforschung, besonders an Flachwasserküsten. Sie betrachtet den Strand als Wirkungsbereich von marin-litoralen und subaerischen Prozessen zwischen der Strandlinie (Strandkante) oder Uferlinie einerseits und der Küstenlinie andererseits, als einen naturgesetzlich bestimmten, dynamisch charakterisierten landschaftlichen Bereich der Geosphäre in topologischer bzw. nanochorischer Dimension besonderer Arealstruktur (Saum, Gürtel). Dementsprechend sind Untersuchungen zur Struktur und Dynamik des Strandes sowohl quer zur Strandlinie als auch in der Längsrichtung durchzuführen.

Ein Blick auf die moderne Küstenforschung zum Strand und zum Vorstrand (dem Bereich der Brecher) an der DDR-Ostseeküste läßt neben punktförmigen Testuntersuchungen (z.B. Ludwig [41], [42]; Niedermeyer [43] bis [45]) kurzstreckige (sich über einige hundert Meter erstreckende) engständige (in Dekameterabständen) Strandanalysen (z.B. Brauckhoff u. Griesseier [4]; Gellert [13]; Griesseier u. Vollbrecht [22]; Kolp [38], [39]) und langstreckige (über mehrere Kilometer Strandlänge), mit einzelnen oder gruppenweisen Profilaufnahmen in weiten Abständen durchgeführte Untersuchungen (etwa Gurwell [24]—[28]; Gomolka [20]; Gusen [29]; Ludwig [41]; Saegebarth [49]; Vollbrecht [58]) unterscheiden. Langstreckige engständige Stranduntersuchungen führten bislang allein Brauckhoff im Rahmen seiner geologischen Kartierung des Strandes und Vorstrandes sowie Gellert [9], [10] auf Hiddensee (Dornbusch, Gellen, Bessin) durch. In ähnlicher Weise tendieren auch ausländische Küstenstudien zu diesem Bereich.

In Fortführung seiner genannten Küstenstudien auf Hiddensee (Gellert [9], [10]) und am Fischland/Darß (Gellert [11]) war der Verf. daran interessiert, an einem geeigneten Abschnitt der DDR-Ostseeküste von mehreren Kilometern Länge über einen längeren Zeitraum morphographische und morphodynamische Untersuchungen über die Gestaltung und Dynamik des Strandes und seines Massenumsatzes durchzuführen. Die Gelegenheit hierzu am Seestrand der Schaabe bot vor allem die Einrichtung einer „Wissenschaftlichen Station Glowe" der Pädagogischen Hochschule Potsdam. Das Ziel der Untersuchungen an Strand, Vorstrand und Düne bestand in der Gewinnung aussagekräftiger Daten über die komplexen Vorgänge der Strandformung in einem größeren natürlichen Küstenabschnitt; sie sollten die theoretischen Auffassungen zur Küstenmorphologie bereichern und der Praxis des Küstenschutzes dienen.

An der Durchführung der von 1957 bis 1968 währenden Untersuchungen waren unter Leitung der Professoren Dr. Gellert und Dr. Heyer insgesamt 10 wissenschaftliche Mitarbeiter der damaligen Abteilung für Physische

Geographie und Geologie der Pädagogischen Hochschule Potsdam und nacheinander rund 200 Studenten beteiligt.

2. Lage und Umgebungsbeziehungen des Seestrandes — die Strandabschnitte

Als Schaabe wird die Landenge bezeichnet, die zwischen Glowe im SE und Breege-Juliusruh im NW in Form einer geschlossenen Nehrung die pleistozänen Inselkerne von Jasmund im E und Wittow im NW miteinander verbindet (SCHÜTZE [56]; GELLERT [12]). Sie besteht weithin aus Strand- und Dünensanden, auf denen seit 1861 ein Kiefernforst stockt. Bei einer geringsten Breite von rund 500 m zwischen See und Bodden (südlich von Juliusruh) ist sie 9 km lang. Ihre Strand- und Dünenbildungen erstrecken sich, angelehnt an den Wittower Inselkern, fast 2 km weiter nach N, bis in die Gegend östlich von Reidervitz. Im SE scheidet auf der Linie Glowe-Wedde Ort ein steiler Anstieg zum Inselkern von Jasmund die Schaabe von dessen Westsporn zwischen Glowe und Ruschwitz. Hier schneiden Rudimente eines Kanalaushubs die pleistozäne Halbinsel.

Vom ehemaligen Schweinestall auf dem niedrigen Geschiebemergelkliff am NE-Rand des Ortes Glowe, im Inneren der vom Königshörn und dem Ansatz der Schaabe-Nehrung gebildeten sogenannten Glowe-Bucht, erstreckt sich der Seestrand in einem weiten, nach NE gegen die Tromper Wiek offenen Bogen von 9 km Sehnenlänge bis nach Reidervitz über 10,8 km (Abb. 1). Er bildet den mittleren Teil des die Tromper Wiek zwischen Jasmund und Wittow landeinwärts begrenzenden Küstenbogens von rund 29 km Länge gegenüber deren Öffnung nach See auf der Linie Arkona—Hankenufer zwischen Lohme und Stubbenkammer auf etwa 16 km. Mit seiner Exposition bei Glowe nach N, in der Mitte nach NE und bei Juliusruh nach E ist der Seestrand der Schaabe vor allem Winden und Störmen sowie einem direkten Seegang aus N und E ausgesetzt. Er ist im SE und NW von Steilufern aus pleistozänen glazialen (Geschiebemergel) und glazifluvialen Ablagerungen (Sande und Kiese) flankiert, denen nur schmale, durchweg steinige und oft blockreiche, meist flache Strände vorgelagert sind. Nur zwischen Glowe und Ruschwitz im SE und auf eine kurze Strecke bei Reidervitz im NW wird das Steilufer von einem aktiven Kliff gebildet; beiderseits schließen sich inaktive, bewaldete Kliffs oder mit Gras bestandene Schräghangküsten an (WEISE u. BLÄSNER [60]; GÜRTLER u. WERSCHOWITZ [23]; GELLERT [15]).

Wie die Seekarten erkennen lassen, fällt der Meeresboden vor dem Seestrand der Schaabe flach in die Tromper Wiek ab und erreicht zwischen Kap Arkona und Hankenufer eine Maximaltiefe von 25 m. Im allgemeinen verläuft die 6-m-Tiefenlinie in 500—600 m Entfernung vom Ufer, nur an einer Stelle (westlich des Strandanfanges bei Glowe) springt sie bis rund 1300 m vom Strand vor. Feiner grauer Sand herrscht vor, nur vor der Glowe-Bucht und an einem Punkt westlich von Glowe sowie vor Juliusruh verzeichnet die Seekarte 3010 des Seehydrographischen Dienstes der DDR nahe bzw. in 1500 m Entfernung vom Strand größere bzw. kleinere Steine und Muscheln.

Das Hinterland des Seestrandes bilden meist 3—5 m, stellenweise auch 7 m hoch aufragende Dünen (Weiß-, Grau- und Braundünen; Schütze [56]; Hörenz u. Kohrt [33]; Gellert [12]) mit begrabenen älteren Strandwällen sowie zwei kleinen pleistozänen Aufragungen (Kegelberg bei der Försterei Gelm, 10,4 m, und Wall bei Glowe, 6 m). Die Dünen wurden im vergangenen Jahrhundert im Zusammenhang mit der Aufforstung der Schaabe mehrfach durch künstliche Ansandungen verstärkt, so daß heute ein geschlossener Dünenzug den Seestrand landwärts begrenzt. Weithin ist er von der Sturmbrandung in einem Dünenkliff angeschnitten, dem örtlich junge Vordünen angelagert sind. Eine starke Veränderung erlitt das südöstliche Strandende durch die Errichtung eines molenartigen Steindammes am Königshörn im Jahre 1952, der die Glowe-Bucht seewärts begrenzt. Neuere Veränderungen des Glowe-Strandes, die in die letzten Erkundungen (1967/68) eingingen, gehen auf Sandaufschüttungen vor dem Ort sowie Strandplanierungen zurück.

Zur besseren Lokalisierung der Beobachtungen wurde der Seestrand unabhängig von älteren, nur stellenweise markierten Strandeinteilungen, mit hm 0 am ehemaligen Schweinestall bei Glowe beginnend, nach Hektometern (Hundertmetern = hm) aufgeteilt (Abb. 1). Insgesamt ergaben sich so (über hm 0 hinaus) zwischen Glowe und Juliusruh bzw. Reidervitz 108 Festpunkte für die alljährlich im Sommer durchgeführten Untersuchungen.

Nach sorgfältigen Beobachtungen und vor allem lithologischen Untersuchungen (Jobs u. Günther [36]; Zepert [63]) kann der Strand in mehrere charakteristische Abschnitte untergliedert werden. Es sind dies (Abb. 1):

hm 0—hm 8 Strand der Glowe-Bucht vor dem Ort Glowe;

9— 30 Badestrand von Glowe;

31— 75 Langer Mittelstrand, und zwar

hm 31—55 östlicher Teil,

56—75 westlicher Teil;

76— 95 Badestrand von Juliusruh;

96— 108 nordwestliches Strandende.

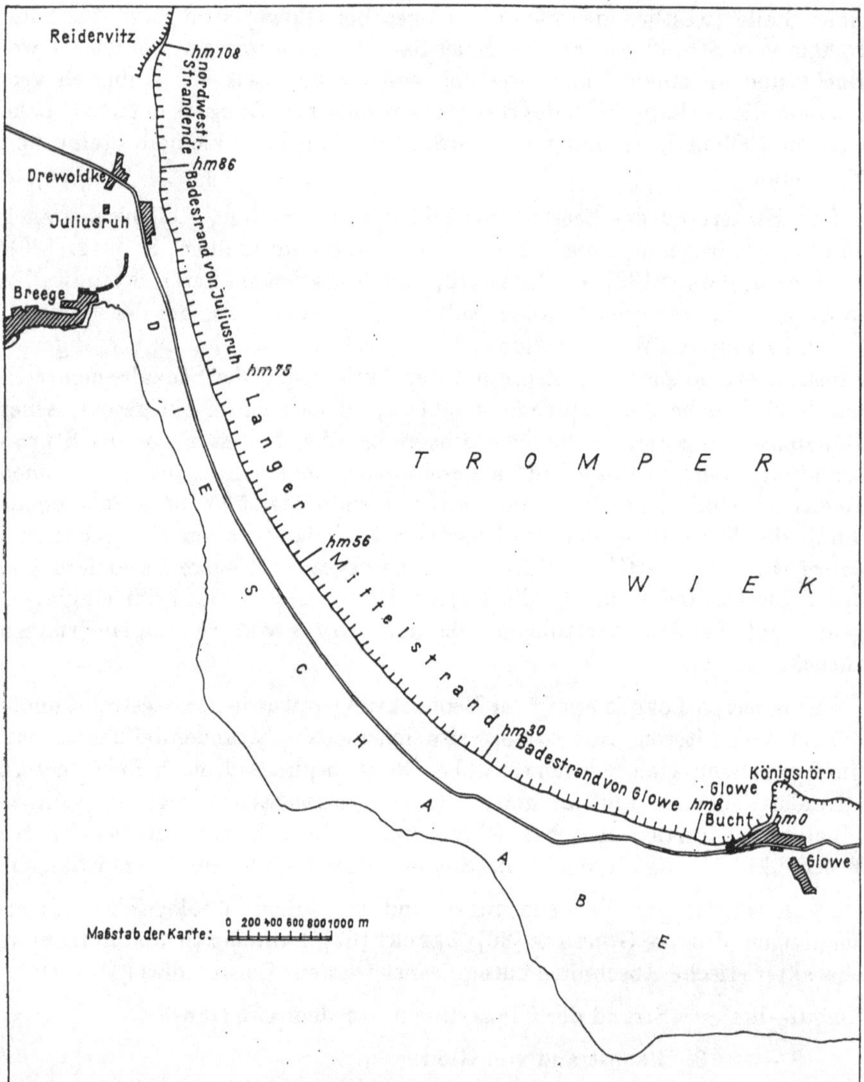

Abb. 1. Karte der Schaabe-Nehrung und der Gliederung ihres Seestrandes

3. Äußere Erscheinungen des Seestrandes

Jeder Strand setzt sich aus einer Vielzahl von Klein- und Kleinstformen verschiedener Struktur, Entstehung und Anordnung sowie aus Sedimenten verschiedener Korngrößen und Textur zusammen. Noch ist er in diesem Sinne und als naturräumliche Einheit allgemein oder in bestimmten Abschnitten in der deutschen Literatur nicht detailliert beschrieben worden. Erste Ansätze eines solchen Versuches glaubt der Verf. in seiner Analyse der Außenstrände der Insel Hiddensee (GELLERT [9]) gegeben zu haben. Die am Seestrand der Schaabe durchgeführte Erkundung erfaßte alle Kleinformen des Strandes nach Art, Struktur und Lage im Formenmosaik und gestattet Rückschlüsse auf deren Genese und ein Verstehen des Strandes als naturräumliche Einheit. Hierbei fanden auch temporäre Formen, wie sie durch Frost und winterliche Eispressungen oder durch massenhafte Aufspülung von Tang und Seegras u. dgl. nach starken Stürmen entstehen, Berücksichtigung. Um einen Einblick in den lithologischen Aufbau des Seestrandes zu gewinnen, wurden die Sande überblicksweise fraktioniert und die Steinigkeit des Strandes nach der von GELLERT [9] auf Hiddensee entwickelten Methode analysiert (JOBS u. GÜNTHER [36]).

3.1. Steinigkeit und Körnung des Strandsandes

In den Begriff „Strand“ sind (s. o.) als seine Substanz Sand, Kies, Geröll und auch Blöcke eingeschlossen. Schon ein erster Blick auf den See-

TABELLE 1
Strandgerölle (nach JOBS u. GÜNTHER [36])

hm	Absolute Zahl auf 1 m Profilbreite und volle Strandbreite		Relative Zahl auf 1 m Profilbreite und 10 m Profillänge	
	Durchmesser		Durchmesser	
	20–60 mm	60–200 mm	20–60 mm	60–200 mm
4	477	286	530	317,7
8	336	142	258,5	109,2
20	6	4	4	2,7
25	129	38	76	22,3
36	22	1	11,5	0,5
45	1	7	0,4	2,8
55	—	—	—	—
65	2	—	0,9	—
76	5	—	2,4	—
84	6	1	2,6	0,4
94	17	15	7,4	7
98	26	9	11,3	4
105	118	74	78,8	49,3

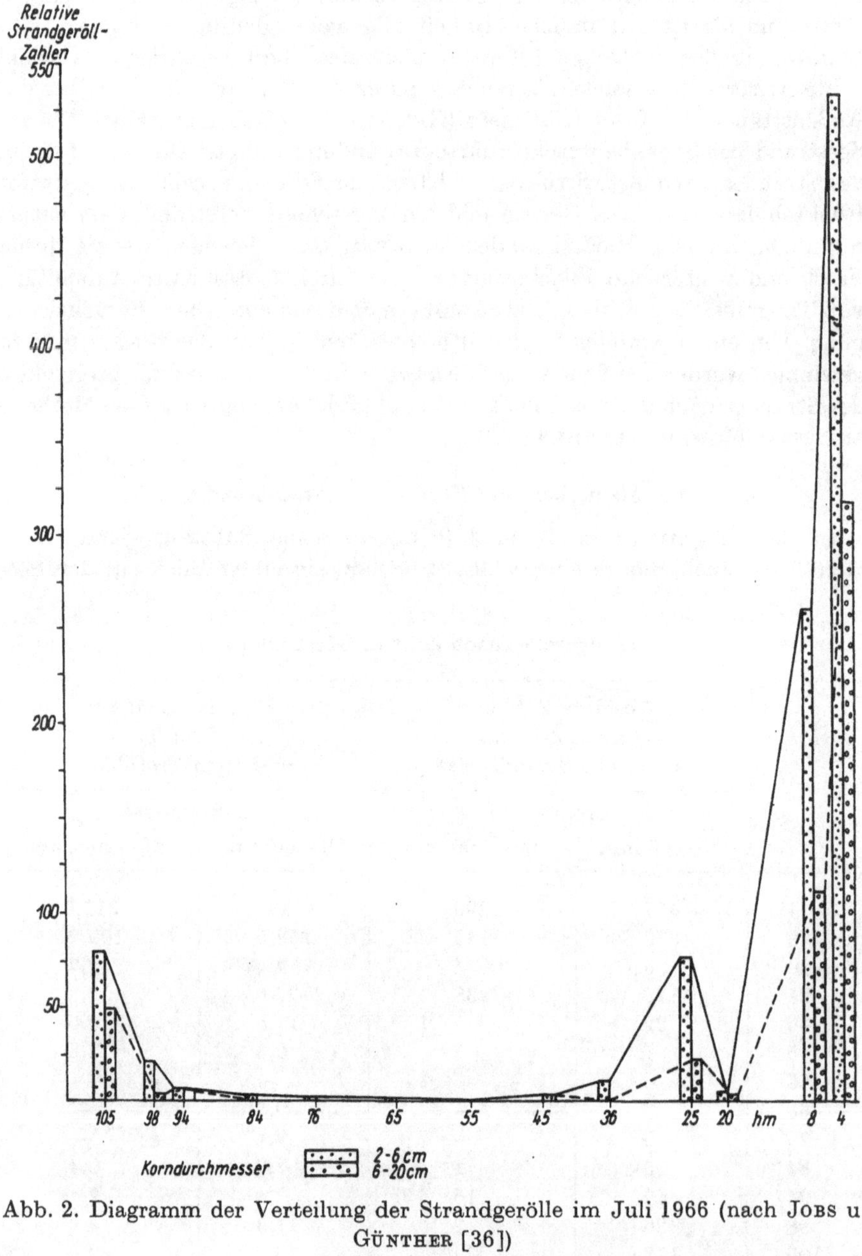

Abb. 2. Diagramm der Verteilung der Strandgerölle im Juli 1966 (nach Jobs u. Günther [36])

strand der Schaabe zeigt eine Sedimentverteilung, die eine Gliederung des Strandes gestattet. Neben einer teilweisen Anreicherung gröberen Materials am Ende des Wellenauflaufes (Schwall), insbesondere im ersten Strandwall, lassen die Steinigkeit, die Häufigkeit der Gerölle von 2–6 cm bzw. 6–20 cm Durchmesser, auf einen 1 m breiten und 10 m langen Strandstreifen umgerechnet (Tab. 1, Abb. 2), neben lokalem Vorkommen von Blöcken vor Glowe, deutliche Unterschiede erkennen. Besonders die beiden Strandenden treten durch ihre z. T. große Steinigkeit hervor. So zeichnete sich bis zu seiner Meliorierung durch Auffüllen mit Bodden- und Seesand (1967/68) der Strand vor Glowe durch eine außerordentlich hohe Steinigkeit (etwa 530 bzw. 317 Steine auf 1 × 10 m Strandfläche bei hm 4 und 258 bzw. 109 Steine bei hm 8) bei verschwindend geringem Sandgehalt aus, während bei hm 105 vor Reidervitz lediglich relative Steinigkeiten von 79 bzw. 49 erreicht werden. Zeitweise bestand der Strand der Glowe-Bucht weithin überhaupt nur noch aus Strandgeröllen, eine Folge der durch den Bau des Steindammes am Königshörn veränderten Strömungsverhältnisse in der Glowe-Bucht. Von den Strandenden nimmt die Steinigkeit gegen die Badestrände von Glowe und von Juliusruh und weiter zum Langen Mittelstrand sprunghaft ab; nur bei hm 25 steigt sie nochmals auf 76 bzw. 22 an, was wohl auf eine Störung der natürlichen Verhältnisse durch die Nutzung als Badestrand eines Kinderferienlagers zurückzuführen ist. Inwieweit sie darüber hinaus mit dem Auftreten von Steinen am Boden der Tromper Wiek vor dem Strand von Glowe und dem kleinen pleistozänen Wall westlich des Ortes in Verbindung steht, ist unbekannt. Insgesamt weist die natürliche Steinigkeit des Seestrandes mit ihren Schwerpunkten an den beiden Enden, wo er an das Steilufer der benachbarten pleistozänen Inselkerne von Wittow und Jasmund angebunden ist, auf die engen genetischen und dynamischen Beziehungen zu letzteren und deren aus glazialen und glazifluvialen Ablagerungen bestehendem Steilufer hin.

Ähnliche Beziehungen läßt auch die Körnung des Sandes erkennen (Tab. 2, Abb. 3). So nehmen die Anteile aller Fraktionen > 0,2 mm gegen den Langen Mittelstrand, vor allem dessen westlichen Teil, und den sich anschließenden Teil des Badestrandes von Juliusruh (besonders um hm 55–84) ab sowie umgekehrt die Anteile der Fraktionen < 0,2 mm in diesem Bereich zu bis zu einem Maximum um die hm 65 und 75. Bemerkenswert ist dabei der hier ungewöhnlich hohe Anteil der Körnungsklassen unter 0,2 mm (über 60%). Die geschilderten Verhältnisse lassen auf eine Sandzuführung und Ernährung des Seestrandes von beiden Enden her schließen, wobei der Anteil der Fraktionen über 0,6 mm zu Lasten der feineren Fraktionen am Strand von Glowe größer ist als bei Juliusruh. Das lassen auch die Medianwerte (M) und die Quartilwerte (Q_1 und Q_3) sowie die Sortierungswerte (So) erkennen. Eine erhebliche Abweichung (Ansteigen von M und Q_3 – nicht Q_1 – sowie So)

TABELLE 2
Körnung des Sandes (nach JOBS u. GÜNTHER [36])

hm	mm-Fraktionen (in %)							Werte			
	< 0,06	0,06 —0,2	0,2 —0,6	0,6 —2	2 —20	20 —60	> 60	M	Q_1	Q_3	$So\sqrt{\frac{Q_3}{Q_1}}$
4	0,3	2,1	59,2	15,5	16,0	2,5	4,6	0,41	0,31	1,7	2,341
8	0,0	5,0	60,6	17,5	9,3	7,6	—	0,37	0,26	1,0	1,959
20	0,0	2,1	77,3	13,7	2,0	4,5	—	0,27	0,23	0,5	1,473
25	0,0	3,6	64,7	13,8	5,3	8,1	4,4	0,33	0,23	0,9	1,978
36	0,0	19,7	75,0	3,9	0,3	—	—	0,25	0,22	0,35	1,265
45	0,1	26,4	66,5	6,1	0,6	0,0	—	0,23	0,19	0,30	1,257
55	0,2	42,9	55,2	1,6	0,0	—	—	0,23	0,14	0,37	1,624
65	0,0	62,4	36,9	0,8	—	—	—	0,17	0,11	0,26	1,565
76	0,0	64,7	33,7	1,7	0,1	—	—	0,17	0,12	0,23	1,414
84	0,0	53,9	45,6	0,5	0,0	0,1	—	0,20	0,15	0,22	1,212
94	0,0	37,4	55,7	5,8	0,4	0,6	—	0,20	0,18	0,28	1,237
98	0,0	46,7	52,1	0,7	0,1	0,2	—	0,20	0,15	0,26	1,315
105	0,0	16,1	70,5	3,9	2,3	6,0	1,1	0,24	0,20	0,36	1,342
Abschnittsmittel											
0—8	0,2	3,6	59,9	16,5	12,6	5,0	2,3	0,4	0,28	1,3	2,193
9—30	0,0	2,9	71,0	13,7	3,7	6,3	2,2	0,28	0,23	0,6	1,913
31—55	0,1	29,0	65,5	3,9	0,3	—	—	0,24	0,15	0,34	1,449
56—75	0,0	62,4	36,9	0,8	—	—	—	0,17	0,11	0,26	1,565
76—95	—	52,0	45,0	2,7	0,1	0,2	—	0,2	0,13	0,24	1,360
96—108	—	31,4	61,3	2,3	1,2	3,1	0,6	0,22	0,17	0,32	1,378
Mittel des gesamten Seestrandes (hm 0—hm 108)											
	0,05	28,37	56,38	7,53	3,56	3,16	1,04				

Die angegebenen Daten sind Mittelwerte aus einer Reihe von Sandproben, die ab 1 m landwärts der Strandkante bis zum Fuß der Düne im Abstand von je 2 m mit Hilfe eines Zylinders (leere Konservendose) aus 0—12 cm Tiefe ent-

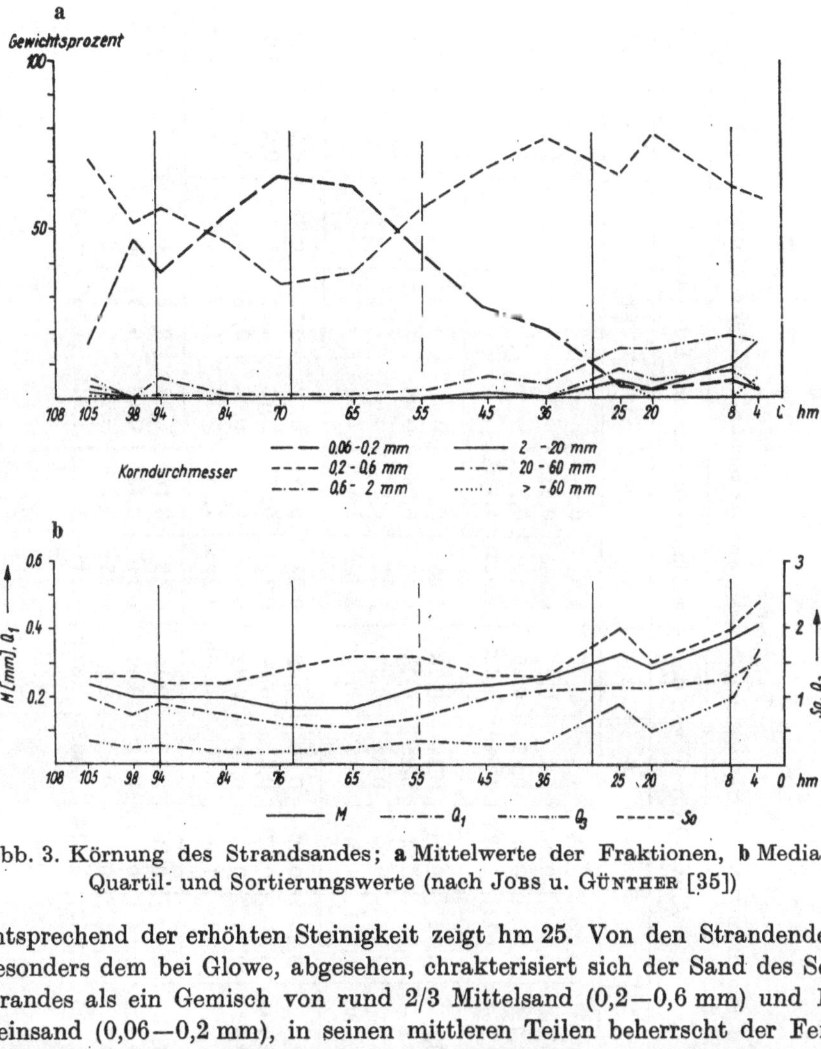

Abb. 3. Körnung des Strandsandes; **a** Mittelwerte der Fraktionen, **b** Median-, Quartil- und Sortierungswerte (nach JOBS u. GÜNTHER [35])

entsprechend der erhöhten Steinigkeit zeigt hm 25. Von den Strandenden, besonders dem bei Glowe, abgesehen, chrakterisiert sich der Sand des Seestrandes als ein Gemisch von rund 2/3 Mittelsand (0,2—0,6 mm) und 1/3 Feinsand (0,06—0,2 mm), in seinen mittleren Teilen beherrscht der Feinsand mit 2/3 gegenüber 1/3 Mittelsand das Korngemisch. Abgesehen vom Glowe-Strand und von hm 25 ist der Sand gut und in seinen mittleren Teilen sogar sehr gut sortiert.

Innerhalb der einzelnen Strandprofile ist deutlich eine Differenzierung des Korngemisches zwischen dem äußeren Strandsaum bis etwa 5 m einwärts und der eigentlichen Strandplatte bis zum Dünenfuß hin festzustellen. Als Belege hierfür mögen die Median-, Quartil- und Sortierungswerte von hm 20 am Badestrand von Glowe (dazu hm 25 als Ausnahme), hm 45 am Langen

Tabelle 3

Median-, Quartil- und Sortierungswerte des Sandes einiger ausgewählter Strandprofile (nach Jobs u. Günther [36])

hm		Abstand (in m) von der Strandkante in Richtung Dünenfuß												
		1	3	5	7	9	11	13	15	17	19	21	23	25
20	M	.	1,0	0,6	0,22	1,9	0,2	1,9	0,25					
	Q_1	.	0,55	0,35	0,2	0,2	0,2	0,195	0,23					
	Q_3	.	1,7	2,5	0,35	0,22	0,25	0,25	0,3					
	So	.	1,758	2,672	1,323	1,049	1,023	1,023	1,140					
25	M	1,15	3,0	0,32	0,28	0,27	0,28	0,95	0,32	0,45				
	Q_1	0,72	0,5	0,25	0,25	0,25	0,23	0,45	0,28	0,35				
	Q_3	5,0	3,2	0,47	0,37	0,32	0,37	5,2	0,5	0,5				
	So	2,635	2,530	1,371	1,217	1,123	1,217	3,409	1,459	1,196				
45	M	0,2	0,4	0,25	0,22	0,26	0,22	0,23	0,22	0,22	0,23	0,23	0,23	0,22
	Q_1	1,5	0,19	0,21	0,17	0,2	0,2	0,2	0,29	0,19	0,21	0,2	0,2	0,2
	Q_3	0,3	0,9	0,36	0,29	0,45	0,32	0,3	0,18	0,28	0,28	0,28	0,29	0,28
	So	1,414	1,414	1,308	1,308	1,500	1,265	1,225	1,179	1,187	1,170	1,183	1,204	1,144
76	M	0,22	0,18	0,19	0,19	0,15	0,15	0,15	0,16	0,18	0,16	0,15		
	Q_1	0,16	0,13	0,14	0,15	0,12	0,11	0,11	0,13	0,13	0,11	0,11		
	Q_3	0,37	0,25	0,23	0,35	0,22	0,2	0,25	0,2	0,23	0,23	0,22		
	So	1,519	1,385	1,352	1,524	1,353	1,349	1,241	1,241	1,241	1,446	1,446		

Mittelstrand und hm 76 am Badestrand von Juliusruh dienen (Tab. 3; vgl. auch GELLERT [17]). Stets sind unter dem Einfluß von Schwall und Sog am nassen Strand gröbere Fraktionen, an den beiden Strandenden einschließlich hm 20 bis zu Kies und Steinen, und entsprechend höhere Median-, Quartil- und Sortierungswerte anzutreffen als auf der Strandplatte. Entsprechend der Zunahme der feineren Fraktionen gegen die Mitte des Seestrandes treten hier im Bogeninneren feinere und ausgeglichenere Korngemische über die ganze Breite auf als an den beiden Enden.

Bei hm 25 findet sich grobes und schlecht sortiertes Material nicht nur am Strandsaum, sondern auch vor dem Dünenfuß. Das ist auf die intensive Nutzung dieses Strandabschnittes durch Badegäste zurückzuführen. Immer wieder werden durch die Aufwühlung feinere Sande aus dem Untergrund zutage gefördert und nach dem Austrocknen verweht, so daß ein gröberes Korngemisch zurückbleibt. Diese Qualitätsminderung der Kornsortierung ist als gesellschaftlich bedingte Umweltschädigung einzustufen.

3.2. Morphologisch-landschaftliche Struktur des Seestrandes

Grundlage der Charakterisierung der morphologisch-landschaftlichen Struktur des Seestrandes der Schaabe und damit seiner Dynamik ist die Erkundung seiner Oberflächengestalt bis zu den Kleinformen sowie seiner Oberflächenbedeckung und aller anderen Erscheinungen. Erfaßt wurden gerade und gezähnte Strandwälle, Bänke und Mulden im Strandsaum, Flächen mit Kies, Geröllen und Blöcken sowie mit Muschelschill oder Tangbelag, die Strandvegetation nach ihrer Dichte, kleine Windformen und echte Dünen auf dem Strand (Embryonaldünen und Vordünen), der Zustand des Dünenkliffs sowie die „Strandburgen“ und die Flächen abgeräumten und planierten Badestrandes, ferner im Winter das Auftreten von Eis und dessen Formen. Die Gegenüberstellung der Befunde in den einzelnen Beobachtungsjahren läßt einerseits eine große Stabilität, andererseits eine starke Labilität der Strandverhältnisse erkennen. Sie bilden das typische Merkmal eines Meeresstrandes.

3.2.1. Der Zustand des Seestrandes

Der *Strand an der Glowe-Bucht* (hm 0—8) war zur Zeit der Untersuchungen unter dem Einfluß der durch den Bau des Steindammes am Königshörn veränderten Strömungsverhältisse in der Bucht Musterbeispiel eines durch künstliche Eingriffe vollständig degenerierten Strandes. An Stelle breiter Sandflächen, die, wie alte Photographien zeigen, etwa die Breite des heutigen Badestrandes weiter westlich besaßen, war er nun flach und bestand durchSeg aus Kies und Geröll sowie großen Blöcken, zwischen denen fast aller Sand durch die Brandung und Küstenströmung ausgespült war. Nur in wenigen Jahren ermöglichte eine streifenförmige, schwachmächtige Überdeckung des Grobmaterials durch Sand die Nutzung als Badestrand, so 1958—1960 und 1962/63. Zumeist bestimmten mehrere Strandwälle aus Kies und Geröllen ausschließlich den Charakter des Strandes. 1961 und in den folgenden Jahren wurde dieses Grobmaterial von einer mehr oder minder mächtigen Decke nassen und vermodernden Seetangs und Seegrases (Brandungsauswurf) überlagert. Jahreweise wucherte hier, besonders auf dem oberen Teil, eine üppige Strand- und Residualvegetation. Mehrfach, so 1958, 1959 und 1967, wurde der Strand durch eine Motorschrappe planiert und 1967/68 mit Feinsand aus dem Bodden aufgeschüttet, der jedoch der Sturmbrandung nicht standhielt und zum großen Teil wieder ausgespült wurde. Erst das Aufbringen von grobem Seesand in Verbindung mit der Errichtung von Buhnen und der Neubefestigung des seewärtigen Deichhanges führte 1968 zu einer Regeneration des Strandes.

Von solchen Ausräumungen relativ unbeeinflußt blieb der sogenannte *Badestrand von Glowe.* Er besteht aus einer mittelbreiten sandigen Strandplatte mit einigen Kies- und Geröllauflagerungen. Seewärts sind ihr meist mehrere, durch flache Mulden getrennte, vielfach in Strandbögen angeordnete und jahreweise gezähnte Strandwälle angelagert. Zuweilen liegen auch hier der Strandplatte mächtige Tang-Seegras-Polster auf, und vor dem Dünenfuß breitet sich eine schüttere, gelegentlich auch dichte, jedoch niemals geschlossene Strandvegetation aus. Vereinzelt kommt es zur Aufwehung kleiner Windformen aus feinerem Sand. Besonders seit 1961 wird diese natürliche Entwicklung des Strandes durch die Grabungstätigkeit der Badegäste gestört; auch die stellenweise erhebliche Vergröberung des Strandmaterials und die Bedeckung mit auffallend viel Grobkies sowie die Verwühlung aller Kleinformen des Strandes sind darauf zurückzuführen. Gelegentlich überspülen Strumfluten, besonders aus NNE, den gesamten Strand bis zum Dünenfuß und waschen ihn zu einer leicht konkav gewölbten Schrägfläche von 4—5° Neigung ab; mit Nachlassen des Sturmes werden dann neue Strandwälle aufgelagert, die später zu einem Ruhigwetterstrand zusammenwachsen. In den letzten Beobachtungsjahren wurde der Badestrand von Glowe vor Saisonbeginn auch aufgeschrappt, wodurch alle natürlichen und künstlichen Unebenheiten und Tang-Seegras-Polster, soweit diese die Winterstürme überstanden hatten, beseitigt wurden. Hierbei kommt es jedoch zu weiteren Verwühlungsprozessen, durch die feineres Material aus der Tiefe zutage gefördert und der folgenden Auswehung ausgesetzt wird, was zu einer weiteren Vergröberung des Strandmaterials führt.

Der *Lange Mittelstrand* ist entsprechend seiner lithologischen Zusammensetzung ein idealer Badestrand. Er besteht aus einer breiten Strandplatte mit dünenwärts schütterer bis dichter Vegetation und kleinen Windformen, gelegentlich sogar echten Embryonaldünen, die sich dem Dünenfuß anlegen und den Dünenzug hinter dem Strand jahreweise verbreitern, bis sie von Sturmfluten wieder abgespült werden. Leider wurde dieser Aufbau des Strandes und der Dünen in den Beobachtungsjahren durch die Grabungen der Badegäste erheblich gestört. Zum Wasser hin wird der Strand durch mehrere aus Sand und einigem gröberem Material bestehende, z. T. flache Strandwälle und dazwischenliegende Mulden begrenzt, deren seeseitige oft mit Wasser gefüllt sind und vom Schwall überflutet werden. Vielfach sind Strandbögen entwickelt. Gelegentlich wurden geringmächtige Aufspülungen von Tang und Seegras beobachtet. Öfters säumt ein schmaler Streifen von Tang und kleinstückigem Muschelschill das Ufer.

Der sich nordwestlich anschließende *Badestrand von Juliusruh* ähnelt in manchem dem lagemäßig analogen Badestrand von Glowe. Er wird zumeist charakterisiert durch deutlich ausgeprägte, aber meist flache, oftmals gezähnte Strandwälle aus gröberem Material und dahinterliegenden Mulden sowie einen mehr oder minder breiten Tangsaum mit Muschelschill, eine breite Sandplatte, auf der ebenfalls Tangsäume liegen, sowie gegen den Dünenfuß zu in wechselnder Erstreckung und Breite durch eine schüttere bis dichte Strandvegetation und kleine Windformen. Der ganze Strand dient in jahreweise unteschiedlicher Länge, vor dem Ort Juliusruh beständig, als Badestrand und erfährt dadurch fortlaufend eine Umlagerung seiner Sandschichten.

Das *nordwestliche Strandende* wird an seinem Anfang am Kliff von Reidervitz durch einen deutlich sichtbaren größeren Anteil von Kies und Geröllen auch im Oberstrand und gegen sein Ende hin durch das Auftreten von Blöcken am Strand und Vorstrand gekennzeichnet. Trotzdem dient der Strand auch hier wegen seiner günstigen Lage zu den Ortschaften als Badestrand. Sein Bestand an gröberem Material und vielleicht die geringere Mächtigkeit der Sedimente über dem festen Untergrund (Geschiebemergel) behindern jedoch das Ausheben von „Strandburgen", und auch Verwühlungen anderer Art treten nicht sichtbar in Erscheinung. Meist ist ein kiesig-gerölliger Strandwall vorhanden, soweit eine seeseitige Strandbegrenzung zwischen den Blökken nicht vollkommen verwischt ist oder nur durch einen Tangstreifen markiert wird. Vor einem wenig ausgebildeten Dünenfuß wuchert eine mäßige Strandvegetation und treten kleine Windformen auf, soweit der Strand an seinem Ende nicht direkt gegen das Geschiebemergelkliff angrenzt. Teile des Strandes waren in den Beobachtungsjahren durch einen über ihn hinweglaufenden Schmutzwasserabfluß verunreinigt.

3.2.2. *Temporäre Sondererscheinungen*

Schwere Eisjahre, wie sie insbesondere von der Boddenküste bekannt sind, treten an der Seeküste der Schaabe offensichtlich selten auf. Schnee auf dem

Strand, zeitweise gemischt mit vom Sturm ausgeworfenem organischem Material, wurde in verschiedenen Jahren beobachtet. Spritzwasser gefriert an den Strandgräsern, das Eis belastet und zerreißt zuweilen die Pflanzen. Im Spülsaum sammeln sich Schneeflocken und verwachsen zu einem Eisbrei. Besonders bei Stillwasser bilden zentimetergroße Eiskristalle gemeinsam mit Muschelschill einen Saum an der Schwallfront. In kalten Wintern, in denen bei ruhigem Wetter die Tromper Wiek weitgehend zugefroren ist, bilden sich im Saum des Strandes dezimetermächtige Eisplatten. Sie werden auf den Strand aufgeschoben und brechen hier ab, so daß landseitig eine Strandmulde entsteht, während sich seeseitig ein fußhoher Eisabbruch bildet, der von der Brandung unterhöhlt wird. Reste dieser und anderer Eisbildungen werden bei stärkerem Seegang in einen Strandwall aus Kies und Sand eingebettet und tauen bei wärmerem Wetter langsam wieder, wobei auf den Strandwällen kleine Mulden und Trichter, vergleichbar mit den Toteisformen des pleistozänen Gletschereises, entstehen. Alle diese sehr vergänglichen Formen haben jedoch offenbar kaum Einfluß auf die Strandprozesse.

Neben den organischen Spülsäumen und der verbreiteten Bedeckung mit Seegras und Tang konnte in den Wintern 1957/58 und 1958/59 vor allem am östlichen Strandende (Glowe-Bucht, Badestrand von Glowe) ein abnormer Sturmauswurf von Tang und Seegras beobachtet werden; es entstand eine breite, fast den ganzen Strand bedeckende, bis zu 0,5 m mächtige und in mehrere Stufen gegliederte Tang-Seegras-Platte, die im Sommer austrocknete und vermoderte und Standort einer dichten Kraut- und Strauchvegetation wurde. Mit ihrer sichelförmig verlaufenden, von tiefen Kolken zerfressenen seeseitigen Kante entspricht diese bisher von der deutschen Küstenforschung kaum beachtete und sicher nur sporadisch auftretende Erscheinung den „Schwemmblattfriedhöfen" (coastal cemeteries of plant fragments, cimetières de plantes marines), wie sie Schülke [52]—[55] von den Riaküsten Korsikas und der Bretagne sowie von den Küsten Senegals und Madagaskars beschrieb und für die Wasmund [59] den Begriff „Thanatop" prägte (Gellert [18]). Es dauerte jahrelang, bis die damit bedeckten Strände wieder geräumt waren. Teile der Platten wurden unter Sand begraben und traten Jahre später, ähnlich vom Sand begrabenen Torfböden, an der Strandkante wieder zutage und bildeten neue gezähnte und von Kolken zerfressene Uferlinien (Gellert [13], [18]).

4. Die Breite des Seestrandes

Ein sichtbares Kennzeichen eines jeden Strandes ist zweifellos seine Breite zwischen der Uferlinie bzw. Strandkante und dem Dünen- oder Kliffuß. Sie unterliegt im Laufe der Jahre unter dem Einfluß des Wasserstandes und vor allem des Seegangs dauernden Veränderungen. Damit ist die jeweilige Breite im Vergleich zum vorhergehenden Zustand ein Kriterium für die Entwicklung und die aktuelle Funktion des Strandes.

4.1. Unterschiede der Strandbreite und Großbögen

Am Seestrand der Schaabe ergaben die Beobachtungen als erstes eine grundsätzliche Breitenzunahme von beiden Enden zum Langen Mittelstrand, zugleich aber auch bemerkenswerte Breitenunterschiede auf kurze Distanz. Gegenüber dem nur schwach gebogenen Dünenfuß ist ein in zahlreiche Großbögen (Gellert [13]) ausgeglichener Verlauf des Außensaumes des Strandes erkennbar. Diese Großbögen besitzen einen Sehnendurchmesser von einem bis mehreren Hundertmetern (Tab. 4), überwiegend zwischen 300 und 400 m. Die Zahl der Bögen zeigt im Laufe der Jahre eine außerordentliche Konstanz. Sie schwankte 1957—1968 zwischen 31 und 36 und liegt im langjährigen Durchschnitt bei 33. Die Großbögen werden somit von den Veränderungen des Strandes durch Ansandung oder Abwaschung nicht berührt. Das bestätigen auch die Lagebeziehungen der einzelnen Großbögen zueinander. Auftretende Unregelmäßigkeiten haben lokale und temporäre Ursachen. Be-

Tabelle 4
Zahl der Großbögen 1957—1968

Jahr	Zahl der Großbögen nach hm-Länge							Gesamtzahl	Durchschnittslänge (in hm)
	1	2	3	4	5	6	7		
1957	—	9	14	5	3	1	1	34	3,2
1958	1	10	17	4	4	—	—	36	3,0
1959	1	8	11	8	4	1	—	33	3,3
1960	1	9	13	10	2	—	—	35	3,1
1961	1	9	14	6	2	1	1	34	3,2
1962	1	8	13	9	2	1	—	33	3,3
1963	—	11	10	6	4	2	—	33	3,3
1964	—	7	8	11	4	1	—	31	3,5
1965	—	10	11	6	5	1	—	33	3,3
1966	—	9	9	6	5	—	2	31	3,5
1967	—	9	9	8	5	1	—	32	3,5
1968	—	11	10	7	2	3	—	33	3,5
1957—1968	5	110	139	86	42	12	4	408	3,3

merkenswert ist eine gewisse Verlagerung der Strandbögen von Glowe her gegen die Mitte des Seestrandes im Laufe der Beobachtungsjahre, während eine weit weniger ausgeprägte Verlagerung von Juliusruh her in entgegengesetzter Richtung beobachtet wurde (GELLERT [13]). Daraus läßt sich ein Vorherrschen von Küstenströmungen ableiten, die von den Flanken der Tromper Wiek im SE und im NW gegen die Buchtmitte gerichtet sind und wie sie schon aus den Ergebnissen der Sandfraktionierungen erkennbar waren.

4.2. Zeitliche Veränderungen der Strandbreite

Die allgemeine Breitenzunahme zur Mitte des Seestrandes hin geht einher mit Breitenschwankungen, die an den Enden die volle, am Langen Mittelstrand annähernd die halbe Strandbreite erreichen. Bei einer recht unregelmäßigen Folge von Strandgewinn und Strandverlust innerhalb der einzelnen Abschnitte tritt im langjährigen Vergleich vor allem der Wechsel von Jahren mit Erhöhung und Verringerung der Breite deutlich hervor; dabei wurden vor allem 1958/59/60, 1964/65 und ganz besonders 1967/68 große Strandgewinne, 1960/61, 1963/64 und 1965/66/67 starke Verluste sichtbar. Es liegt nahe, dies mit den unterschiedlichen Witterungsverhältnissen, besonders dem Auftreten von Stürmen aus wechselnden Richtungen, in Verbindung zu bringen.

Die absolute Veränderung der Strandbreite zwischen 1957 und 1968 ist von hm zu hm außerordentlich verschieden. Von der sich positiv auswirkenden künstlichen Aufsandung vor Glowe abgesehen, ist am Langen Mittelstrand und vor allem am Badestrand von Juliusruh eine deutliche Breitenabnahme festzustellen; die demgegenüber durchweg positive Tendenz am Badestrand von Glowe läßt auf das Vorherrschen einer starken Sandzufuhr aus NE, um das Kap Königshörn, schließen.

Die durchschnittliche jährliche Veränderung der Strandbreite hält sich jedoch in Grenzen. Insgesamt läßt sich für den Seestrand der Schaabe eine — von den beiden letzten Jahren abgesehen — langjährige Breitenverminderung erkennen, die in den mittleren Teilen besonders ausgeprägt ist. Ihr steht im letzten Beobachtungsjahr eine starke Verbreitung am ganzen Strand gegenüber, besonders wiederum in der Mitte. Sie vermittelte wichtige Aufschlüsse über den Prozeß der Strandentwicklung im langjährigen Witterungsablauf.

5. Die Entwicklung von Strandkante und Dünenfuß

Sowohl die Strandkante als auch der Dünenfuß stehen unter dem steten oder zeitweiligen Einfluß von Brandung und Wind und verändern dementsprechend im Laufe der Zeit ihre Lage. Damit ändern sich auch der Abstand zwischen beiden und die Lage des Strandes als wechselnd breiter Streifen marin-litoraler und subaerischer Prozesse. Ihre Entwicklung lenkt daher besonderes Interesse auf sich.

5.1. Verlagerung der Strandkante

Die Verlagerung der Strandkante des Seestrandes der Schaabe hielt sich in den Beobachtungsjahren bei ausgeglichener Anzahl von hm-Abschnitten mit see- oder landwärtigen Verschiebungen in mäßigen Grenzen, wobei das Jahr 1967/68 mit einer starken Ansandung nach der Abnahme 1965/66 eine positive Tendenz bewirkte, wie sie auch für 1963/64, 1964/65 und 1966/67 zu erkennen ist. Ohne die natürliche und künstliche Ansandung 1966/67 und 1967/68 würde die Strandkante sich landwärts bewegen.

Innerhalb der einzelnen Jahre sind, von der künstlichen Aufsandung vor Glowe abgesehen, die starke Rückverlagerung der Strandkante vor diesem Ort als Folge der veränderten Strömungsverhältnisse in der Bucht, ein leichtes Hin- und Herpendeln der Strandkante am nordwestlichen Ende und ihre einander ausgleichenden großen see- und landwärtigen Lageveränderungen im östlichen Teil des Langen Mittelstrandes bemerkenswert. Sie lassen auf mehrjährige Schwingungen des Bogens des Seestrandes zwischen seinen — von den Störungen in der Glowe-Bucht abgesehen — annähernd stabilen Enden schließen.

5.2. Temporäre Unbeständigkeit der Strandkante

Im Gegensatz zur Uferlinie im 0-m-Niveau weist die Strandkante als Ergebnis des steten Widerspiels von Schwall und Sog eine temporäre Unbeständigkeit auf. Um deren Maß zu ermitteln, wurden während der sommerlichen Beobachtungszeit an der Strandstation der Wissenschaftlichen Station Glowe der Pädagogischen Hochschule Potsdam bei hm 13 und zusätzlich bei hm 36 morgens und abends die Lage der Strandkante, die Grenze des Schwalls sowie der Zu- und Abgang von Strandmaterial beiderseits der Strandkante unter Bezugnahme auf den Wasserstand und auf Wind und Seegang ermittelt. Den Versuch einer ersten Aufarbeitung der hierbei erlangten Daten unternahm Wiening [61].

Verständlicherweise verlagert sich die Strandkante mit dem Wasserstand (Tab. 5). Dabei hält sich die Größe dieser Verschiebung bei Wasserstandsschwankungen um 10—25 cm am Halbtag, wie sie sommers vorherrschen, in Metergröße. Extreme Wasserstandsschwankungen (um 30—45 cm) über einen oder mehrere Tage haben land- oder seeseitige Verlagerungen bis zu mehreren Metern zur Folge. Wind und Wellen bewirken erst bei Stärken über 3 Bft eine Veränderung der Lage der Strandkante in ähnlichem Ausmaß. An reinen Sandstränden mit flacherer Neigung vergrößert sich die Auflaufzone

TABELLE 5

Mittlere halbtägige Verlagerung der Strandkante bei Wasserstandsveränderung (a), Wind (b) und Seegang (c), Sommer 1963—1967 (nach WIENING [61])

a

Wasserstands-veränderung	hm 13		hm 36	
	steigend	fallend	steigend	fallend
um 0— 5 cm	um 0,4 m	um 0,4 m	um 0,4 m	um 0,5 m
5—10	0,5	0,5	0,6	0,9
10—15	0,7	0,8	1,1	1,3
15—20	1,2	1,3	—	—
20—25	1,6	1,4	—	—

b

Wind-stärke	hm 13	hm 36
bei 0	um 0,4 m	um — m
1	0,5	0,5
2	0,6	—
3	0,8	1,0
4	1,1	1,2

c

Seegang	hm 13	hm 36
bei 0	um 0,4 m	um — m
1	0,5	0,4
2	0,7	0,6
3	—	1,1
4	1,7	—

des Schwalls namentlich bei steigendem und fallendem Wasserstand, aber auch bei zunehmender Wind- und Seegangsstärke im Vergleich zu einem Strand aus einem Sand-Kies-Gemisch um einiges (WIENING [61]).

5.3. Linearer Verlauf der Strandkante

In ihrem linearen Verlauf läßt die Strandkante unabhängig von den Großbögen meist eine mehr oder minder deutlich ausgeprägte Schlängelung erkennen; sie tritt bei niedrigen Wasserständen deutlicher in Erscheinung als bei hohen. Die Kleinbögen dieser Schlängelung traten im Jahre 1958 am ganzen Schaabe-Strand außer an beiden Enden besonders klar zutage (GELLERT [13]). Die Größe dieser Bögen schwankt zwischen etwa 10 und 160 m (Tab. 6). Der Durchschnitt von etwas über 80 m entspricht der Häufigkeit der Kleinbögen mit 80—100 m (35%). Im Gegensatz zu den sehr konstanten Großbögen schwankt die Ausbildung der Kleinbögen stark; sie dürfte daher in hohem Maße von den Wind- und Seegangsverhältnissen, besonders der Rhythmik der auflaufenden Wellen, abhängig sein. Im August 1958, in dem die Kleinbögen besonders gut ausgebildet waren, wies der Strand zudem gegenüber dem Vorjahr eine bedeutende Verbreiterung durch Ansandung auf.

TABELLE 6

Kleinbögen im Sommer 1958 (nach GELLERT [13])

hm	Länge der Bögen (in m)									Anzahl	Häufigkeit der Bögen nach ihrer Größe (in m)															
											10	20	30	40	50	60	70	80	90	100	110	120	130	140	150	160
0—15	keine																									
15—20	40	80	100	70	85	30	75	—		7	—	—	1	1	—	—	2	2	—	1	—	—	—	—	—	—
20—25	100	10	40	50	—	30	30	—		6	1	1	1	1	1	—	—	—	—	1	—	—	—	—	—	—
25—30	30	50	100	85	65	30	20	90		8	—	1	2	—	1	1	—	1	1	1	—	—	—	—	—	—
30—35	80	70	55	80	85	100	—	—		6	—	—	—	—	1	—	1	3	—	1	—	—	—	—	—	—
35—40	100	110	90	90	65	55	90	—		7	—	—	—	—	1	1	—	—	3	1	1	—	—	—	—	—
40—45	130	90	130	90	60	—	—	—		5	—	—	—	—	—	1	—	—	2	—	—	—	2	—	—	—
45—50	110	125	50	50	90	70	150			7	—	—	—	—	2	—	1	—	1	—	1	1	—	—	1	—
50—55	150	100	130	81	—	—	—			4	—	—	—	—	—	—	—	1	—	1	—	—	1	—	1	—
55—60	150	150	110	85	120	—	—			5	—	—	—	—	—	—	—	1	—	—	1	1	—	—	2	—
60—65	80	80	60	60	70	80	80			7	—	—	—	—	—	2	1	4	—	—	—	—	—	—	—	—
65—70	50	90	65	65	100	110	—			6	—	—	—	—	1	2	—	—	1	1	1	—	—	—	—	—
70—75	150	120	—	—	—	—	—			2	—	—	—	—	—	—	—	—	—	—	—	1	—	—	1	—
75—80	30	30	50	—	90	—	—			4	—	—	2	—	1	—	—	—	1	—	—	—	—	—	—	—
80—85	—	—	100	90	30	35	40	35	60	7	—	—	3	1	—	1	—	—	1	1	—	—	—	—	—	—
85—90	160	100	45	40	40	—	—			5	—	—	—	3	—	—	—	—	—	1	—	—	—	—	—	1
90—108	keine																									
	insgesamt									86	1	2	9	6	8	8	5	12	10	9	4	3	3	—	5	1

Bemerkenswert ist, daß die Kleinbögen auf die mittleren Teile des Strandes beschränkt blieben. Das mag einerseits mit der Geröllarmut und dem Vorherrschen feinerer Fraktionen im Strandmaterial in diesen inneren Teilen des Bogens und andererseits mit deren stärkerer Exponierung nach See in Zusammenhang stehen. Während bei Juliusruh zu fast allen Zeiten ein schwächerer Seegang herrscht als in den anderen, vor allem den inneren Teilen des Strandbogens, mag in der Bucht vor Glowe ein stärkerer Seegang insbesondere bei W- und NW-Winden die Ausbildung der Kleinbögen verhindern.

5.4. Dünenfuß und Prozeßtypen der Strandentwicklung

Auch die Oberkante des Strandes unterliegt örtlich und alljährlich Veränderungen. Sturmflutbrandung und Schwall lockern das anstehende Küstenmaterial, das im Falle des Seestrandes der Schaabe mit Ausnahme beider Strandenden (Deich bei Glowe, Geschiebemergelkliff bei Reidervitz) aus kaum verfestigten Dünensanden besteht, und verschwemmen es seewärts. Dieser natürliche Prozeß wurde und wird, wie die Beobachtungen zeigen, durch die Aufgrabungen der Badegäste am und im Dünenfuß, wie sie oft selbst noch nach einem entsprechenden Verbot des Küstenschutzamtes längs des ganzen Strandes beobachtet wurden, oder andere Verletzungen der Düne durch natürliche Ereignisse (z.B. Baumsturz) oder technische Eingriffe (Bauten, breite Strandzugänge u. dgl.) noch gefördert. Im Gegensatz zu dieser Zurückverlegung des Dünenfußes steht die Aufwehung von Strandsand zu neuen Vordünen, die durch die Ansiedlung von Strandgräsern und anderen Pflanzen stabilisiert werden und damit dem Schwall nachkommender Sturmfluten standhalten können, den Strand von Land her verdrängen und seine Breite vermindern, sofern nicht eine Ansandung von See her dies kompensiert.

Die see- und landwärtige Verlagerung dieses abrasiven oder äolisch-akkumulativen Dünenfußes ist infolge der unterschiedlichen örtlichen Bedingungen recht verschieden und ähnelt damit der Verschiebung der Strandkante, ohne daß zwischen beiden direkte Beziehungen bestehen. In den verschiedenen Jahren wechseln in den einzelnen Abschnitten und in der ganzen Strandlänge die Strecken mit see- oder landwärtigen Verlagerung des Dünenfußes bei einem insgesamt geringen Mittelwert um zum Teil bedeutende Beträge. So erfolgte in den Jahren 1964/65, 1965/66 und 1967/68 eine Rückverlagerung des Dünenfußes, während 1963/64 und 1966/67 ein analoges Vorrücken auftrat. Insgesamt ist, vom westlichen Teil des Langen Mittelstrandes und vom Badestrand von Juliusruh abgesehen, ein Zurückweichen des Dünenfußes und damit der Küstenlinie festzustellen; davon sind besonders die östlichen Teile des Strandes betroffen, was mit deren Exponierung gegenüber Seegang und Sturmfluten aus N und E zusammenhängen mag.

Gemeinsam mit den Lageveränderungen der Strandkante bestimmen diejenigen des Dünenfußes die Breite des Seestrandes und ihre Veränderungen in ihrer örtlichen, regionalen und gesamten Entwicklung. Nach den hierbei wirkenden Prozessen der An- und Absandung des Strandes und des Dünenan- und -abbaus lassen sich charakteristische Prozeßtypen der Strandentwicklung ableiten. Danach treten, auf die Gesamtzahl der Strandabschnitte (vgl. Abb. 1) in den Beobachtungsjahren bezogen, die Prozeßkombinationen

Sandabschwemmung – Dünenanbau 12mal,
Sandabschwemmung – Dünenabtrag 6mal,
Sandanschwemmung – Dünenabtrag 9mal,
Sandanschwemmung – Dünenanbau 4mal

auf, während Kombinationen mit festliegendem Dünenfuß kaum (nur 4mal) nachzuweisen sind. Bei vorherrschender Ansandung am Langen Mittelstrand hat im östlichen Teil des Seestrandes eine Rückverlegung des Dünenfußes großen Anteil an der Entwicklung des Strandes, während im westlichen Teil der Dünenanbau diese Rolle spielt.

5.5. Die Höhenlage des Dünenfußes und ihre Bedeutung für die Strandentwicklung

Besondere Bedeutung für die Strandentwicklung besitzt die Höhenlage des Dünen- bzw. Kliffußes als Obergrenze der Abrasion durch den Schwall und des Abtrages durch den Sog der höchsten Sturmflut. Nach allgemeinen Erfahrungen (z.B. KANNENBERG [37]; REINHARD [47], [48]; GELLERT [11]) reicht die Wirksamkeit der Sturmflutbrandung am Außensaum der südlichen Ostseeküste bis 1,5 m NN und vielleicht etwas darüber. Je höher diese Obergrenze liegt, desto besser sind Dünen- oder Kliffuß sowie die Dünen selbst vor der Abrasion geschützt und um so eher kann hier eine Ansandung beginnen und sich stabilisieren; es können Vordünen entstehen, die den Strand seewärts verschieben. Wo eine solche Bildung von Vordünen unterbleibt oder gar durch Aufgrabungen gestört wird, hat der Schwall der Sturmflut Gelegenheit, weiter landwärts vorzudringen und den Strand dorthin zu verbreitern und zu verlagern.

Die Höhenlage des Dünenfußes zeigt im Gesamtverlauf des Seestrandes bemerkenswerte Unterschiede und im zeitlichen Ablauf erhebliche Veränderungen. Letztere schwanken im allgemeinen um Dezimeter. Die Oberkante des Strandes steigt von den beiden Enden gegen die mittleren Teile an;

daraus kann auf eine größere Intensität des durch die Exponierung bedingten Sturmflutschwalles hier gegenüber den beiden anschließenden Strandflügeln geschlossen werden.

6. Vorstrand und Schorre

Die Schorre und der Vorstrand (dieser gemeinhin (Gellert [14]) als bei Niedrigwasser trockenfallender Meeresboden vor der durchschnittlichen Lage der Strandkante bzw. der Uferlinie bezeichnet) haben mit ihrem Material in Form von Sandbänken (Reefs, Sandriffen) an der Dynamik und an der Gestaltung und Entwicklung des Strandes direkten Anteil. Diese materialbewegende Dynamik über die Oberflächenformen, insbesondere die Sandriffe, zu erfassen, stellte jedoch höhere Anforderungen an die Beobachtungsmethodik als der Strand selbst und konnte daher im wesentlichen nur in den letzten beiden Sommern (1967 und 1968) realisiert werden. Die Ergebnisse besitzen jedoch erhebliche Bedeutung für die Beobachtungen am Seestrand. Eine Sonderstellung nehmen die Bodenverhältnisse in der Glowe-Bucht ein, die über mehrere Jahre im Mittelpunkt der Untersuchung standen.

6.1. Vorstrand und Sandriffe

Bei ausgeprägt niedrigen Wasserständen, wie sie im Sommer und Winter mehrerer Jahre, besonders im Februar, Mai und Juni 1959, 1962, 1963 und 1968, beobachtet wurden, fällt der Meeresboden vor dem Strand über dessen ganze Länge auf mehrere Dekameter Breite trocken, ohne daß bei dem meist ruhigen Seegang eine neue Strandkante zu erkennen war. Weithin tritt eine zuweilen mit typischen Wellengangsrippeln überzogene Sandfläche zutage. Lediglich vor dem Kiesstrand der Glowe-Bucht war der trockengefallene Meeresboden kiesig. Mehrfach waren dem westlich anschließenden Strand buchtwärts gerichtete nehrungsartige Sandbänke angelagert, die nach den Aussagen der Glower Fischer bei extremen Niedrigwasserständen weithin trockenfallen und die Bucht absperren. Sowohl am Badestrand von Glowe als auch im östlichen Teil des Langen Mittelstrandes konnten auf dem trockengefallenen Meeresboden nierenförmig teils seewärts, teils landwärts gebogene, bis 100 m lange, bis 0,5 m hohe Sandbänke mit zum Teil steil aufragendem Relief parallel zum Strand beobachtet werden, die durch ebenfalls trockengefallene Spülrinnen voneinander getrennt waren (vgl. Fig. 3 in [13]). Bei normalen Wasserständen waren am ganzen Strand ufernahe Sandriffe zu erkennen. Bemerkenswert ist bei allen diesen Beobachtungen, daß zwischen einem Vorstrand im Sinne der obigen Definition und den der Schorre aufgelagerten Sandriffen keine Grenze feststellbar war. Vielmehr lassen strandnahe Sandriffe und anlandende Sandbänke, wie sie mehrfach beobachtet wurden, auf einen engen dynamischen und damit genetischen Verband zwischen Sandriffen und Strandwällen, also dem Strand, schließen.

Die Zone der Sandriffe erstreckt sich vor dem Seestrand der Schaabe bis zu einer Entfernung von etwa 100—150 m ins Meer. Jenseits davon neigt sich der Meeresboden flach, ohne nennenswerte Reliefformen, in die Tromper Wiek. Außer Zweifel steht, daß sich auch die Sandriffe mit der An- und Absandung des Strandes alljährlich verlagern. Die Sandriffe selbst ziehen sich, wie die Beobachtungen bei extremen Niedrigwasserständen zeigen, teilweise über längere Strecken vor dem Strand hin, teilweise sind sie in einzelne aneinandergesetzte Sandrücken aufgeteilt. Aus letzterem ist wiederum auf eine gewisse Rhythmik der marin-litoralen Prozesse im Strand-Vorstrand-System zu schließen.

6.2. Das Bodenrelief in der Glowe-Bucht

Besondere Verhältnisse herrschen in der Glowe-Bucht zwischen dem Ostende des Badestrandes (etwa hm 9/10) und dem Geschiebemergelkliff am Königshörn (rund 3,5 hm nördlich von hm 0). Sie werden einerseits durch die Exposition der Bucht und andererseits durch deren Lage in Lee der bei östlichen Winden von der Nordküste von Jasmund um 'Kap' Königshörn stehenden Küstenströmung bedingt. Der Ablauf der damit verbundenen Materialbewegungen wurde durch die Errichtung des 160 m langen, bei 100 m linksseitig abgewinkelten Steindammes aus lose aufeinandergehäuften erratischen Blöcken stark beeinflußt. (Dieser Damm erweiterte einen 1937/38 im Zusammenhang mit dem Projekt eines strategischen Kanals zwischen der Tromper Wiek und dem Großen Jasmunder Bodden errichteten provisorischen Steindamm.) Durch das neue Bauwerk erhielt der Seeraum der Bucht im N einen wirksamen Abschluß. Seine Errichtung führte zu einer Veränderung der Tiefenverhältnisse in der Bucht: Durch Ansandungen in Lee des Dammes verschlechterten sich die Anlegemöglichkeiten für die Küstenschiffahrt aufs äußerste, und durch den Stau der Wassermassen bei Stürmen aus W und NW wurde der ehemals sandige Badestrand vor dem Ort Glowe in wenigen Jahren fast vollkommen ausgewaschen; außerdem wurde er, wie ein Vergleich mit dem Katasterplan aus der Zeit vor der Errichtung des Steindammes zeigt, um fast 20 m zurückverlegt (Gellert [12]). Auch die Öffnung des Steindammes durch Sprengung einer Lücke nahe am Ufer im Sommer 1958, von der man sich eine Bewegung der Strömung und ein Ausräumen der Bucht versprach, blieb im wesentlichen erfolglos; sie bewirkte nur vorübergehend eine Ausspülung von mehr als 1 m Tiefe in dem bei Niedrigwasser zu Fuß begehbaren Sandboden, die für die Bucht in ihrer vollen Ausdehnung belanglos blieb.

Im einzelnen verlaufen die Prozesse der Materialumlagerungen innerhalb der Glowe-Bucht und der Formenbildung an deren Boden recht kompliziert. Sie werden vor allem, wie die Fischer immer wieder betonen, durch das Auftreten von flachen Sandbänken und Rinnen charakterisiert. Sie zeigen teilweise über Jahre hin eine gewisse Stabilität ihrer Lage, treten aber vielfach auch sporadisch auf. Seewärts gerichtete, bei Niedrigwasser sichtbare Sandzungen rund um die Bucht lassen auf eine linksdrehend in die Bucht hinein gerichtete rhythmische Bewegung der bei entsprechenden Wetterlagen aus W und NW andrängenden Wassermassen schließen, die auch von Strömungsmessungen nachgewiesen wird (SCHRADER [50], [51]). Dagegen setzen die Wassermassen bei östlichen Wetterlagen um den Steindamm herum an der Bucht vorbei und verhindern dadurch deren Ausräumung. Auf diese Absperrung weist auch die Lage der bei Niedrigwasser trockenfallenden Sandbänke am östlichen Ende des Badestrandes von Glowe hin. — Durch das Sprengloch, das anfangs zu einer örtlichen Ausräumung geführt hatte, drangen in späteren Jahren sogar zusätzlich größere Sandmassen in die Bucht ein, wie Schüttungsformen bei Niedrigwasser erkennen lassen.

7. Massenbewegungen am Seestrand und in seiner Vorzone

Die Formenbildung am Seestrand und in seiner Vorzone ist mit Massenbewegungen verknüpft. Morphodynamische Untersuchungen müssen daher bestrebt sein, auch diese zu erfassen. Dies ist weitgehend nur durch Extrapolation aus den Differenzen zwischen wiederholten Reliefaufnahmen möglich. Die besondere Schwierigkeit besteht darin, daß dabei nur die Größe der jeweils abgetragenen oder angelandeten Massen ermittelt werden kann. Beide Massen sind jedoch miteinander korreliert und weithin identisch. Die Gewinnung weiteren Materials aus dem Untergrund oder der Nachbarschaft, insbesondere der seeseitigen, oder der Verlust dorthin im Prozeß der Massenumlagerungen kann nur aus der Ungleichheit zwischen beiden ermittelt werden.

Um für die Massenbewegungen am Seestrand der Schaabe einen aktuellen Vergleichsmaßstab zu gewinnen, wurden an zwei Stellen (bei hm 13 und hm 36) während der Sommer 1963—1968 zweimal täglich (morgens und abends) Daten über die Auflaufweite des Brandungsschwalls und über die sedimentologische Wirkung von Brandung und Sog im Bereich der Strandkante gesammelt, die von WIENING [61] einer ersten Beschreibung unterzogen wurden. Leider war es nicht möglich, derartige Beobachtungen das ganze Jahr über bei allen Wetter- und Seegangslagen durchzuführen. Die hier gegebenen Daten vermitteln daher nur eine begrenzte Vorstellung über die Prozesse der Strandbildung.

7.1. Massenbewegungen am nassen Strand

Als „nasser Strand“ wird gemeinhin der vom Schwall und Sog geformte Saum oberhalb der Strandkante bis maximal zur Höhe des mittleren Hochwassers (MHW) bezeichnet. Für den sich landwärts anschließenden, nur bei höheren Wasserständen und Sturmfluten überspülten, im allgemeinen aber stark von Abwehung (Deflation) und Anwehung (Akkumulation) geformten trockenen Strand hat LOUIS [40] den Begriff Hoch- oder Sturmstrand geprägt (GELLERT [14]). Am nassen Strand vollziehen sich unter dem Einfluß des Seeganges fortwährend Massenbewegungen, welche neben der Strandkante die vom Sog geglätteten, zur Strandkante flach abfallenden Sogplatten als wichtigste Formen schaffen.

Für die Entstehung und Veränderung dieser Formen ist die Auflaufweite des Brandungsschwalls von entscheidender Bedeutung. Sie ist abhängig von der Körnigkeit des Strandmaterials und der von dieser bestimmten Schräge der Sogplatte. Die Weite dieses Schwallauflaufes steigt mit dem Grad der Anlandigkeit von Wind und Seegang und mit dem Ansteigen des Wasserstandes sowie der Feinheit des Materials. Sie schwankt am Seestrand der Schaabe nach mehrwöchigen Beobachtungen bei hm 13 und hm 36 zwischen etwa 1 m und über 13 m (Tab. 7). Diese Zone von Schwall und Sog und damit von An- und Absandung verschiebt sich mit den Verlagerungen der Strandkante am Halbtag innerhalb Metergröße see- oder landwärts (Tab. 5).

Um über das Ausmaß der An- und Absandung zumindest während der Sommermonate bei schwachem bis mittlerem Seegang eine Vorstellung zu gewinnen, wurde 1963—1968 an den beiden genannten Punkten an einem Meßgatter mit 1 m Stababstand das Vertikalmaß der An- und Absandung

TABELLE 7
Durschnittliche und maximale Auflaufbreite (in m) des Brandungsschwalles bei verschiedenen Wind- und Seegangsstärken, Sommer 1963—1968 (nach WIENING [61])

Windstärke	Auflaufbreite				Seegang	Auflaufbreite			
	hm 13		hm 36			hm 13		hm 36	
	Ø	max.	Ø	max.		Ø	max.	Ø	max.
bei 0	um 1,8	6,8	um 2,1	3,1	0	um 1,2	2,5	um 2,2	3,2
1	1,8	6,5	2,8	4,5	1	1,9	5,2	2,5	4,5
2	2,3	5,7	2,9	11,0	2	2,6	7,0	3,2	11,0
3	2,6	5,5	4,1	9,2	3	3,7	10,4	5,1	7,2
4	4,0	9,5	6,4	8,5	4	6,3	11,5	8,7	9,2
5	5,0	13,5	—	13,1	5	6,9	13,5	—	13,1

gemessen und davon auf deren Rauminhalt in einem 1 m breiten, rechtwinklig zur Strandkante verlaufenden Streifen des nassen Strandes extrapoliert (wobei 1 cm Höhendifferenz am Stab 0,01 m^3 auf 1 m^2 Fläche um den Stab entspricht). Die durch diese halbtägigen Messungen gewonnenen Daten vermögen trotz ihrer zeitlichen und zahlenmäßigen Begrenzung eine gewisse Vorstellung über die Größenordnung der bewegten Sandmassen zu geben (Tab. 8). Hingewiesen werden muß vor allem auf die große Streuung der Werte, die aus einem Vergleich der errechneten Durchschnittswerte und der beobachteten Maximalwerte für die An- und Absandung ersichtlich ist und die auch die Unstetigkeit der einzelnen Reihen verständlich macht. Trotzdem zeigt sich die Tendenz, daß am reinen Sandstrand (wie bei hm 36) die strandbildenden Sandmassen beweglicher sind als am Sand-Kies-Strand (bei hm 13). An beiden Stränden ist zudem, am Sandstrand noch deutlicher, ein Umschlag von An- und Absandung sowohl absolut als auch bilanzmäßig beim Übergang von Seegang 2 zu 3 erkennbar, dem eine grundsätzliche Bedeutung für die gesamte Entwicklung des Strandes beizumessen sein dürfte.

Als Folge der großen zeitlichen und räumlichen Streuung des Volumens der Sandbewegungen werden im Bereich des nassen Strandes unter bislang

Tabelle 8

Durchschnittliche und maximale halbtägige An- und Absandung (in m^3) eines 1 m breiten Streifens des nassen Strandes bei hm 13 (Sand, Kies, Sommer 1963—1968) und hm 36 (Sand, Sommer 1967)

hm	Seegang	Halbtage	Durchschnittliche halbtägige			Maximale halbtägige	
			An-sandung	Ab-sandung	Bilanz	An-sandung	Ab-sandung
13	0	64	0,035	0,030	+0,005	0,150	0,100
	1	141	0,042	0,046	−0,004	0,320	0,380
	2	75	0,090	0,085	+0,005	1,200	1,000
	3	35	0,009	0,016	−0,007	0,750	0,510
	4/5	10	0,024	0,042	−0,018	0,560	0,780
		325					
36	0	6	0,120	0,032	+0,087	0,260	0,090
	1	21	0,160	0,055	+0,105	0,540	0,280
	2	22	0,220	0,055	+0,165	0,900	0,260
	3	10	0,120	0,170	−0,050	0,260	1,020
	4/5	4	0,120	0,400	−0,280	0,200	1,220
		63					

noch wenig bekannten Bedingungen eine sehr flache, wohl mit den Kleinbögen im Zusammenhang stehende Wellung in Längsrichtung des Strandes, auf die später noch einzugehen sein wird, sowie bei bestimmten Seegangsverhältnissen Strandhörner, wie sie GELLERT [6], [7] bereits 1937 und 1957 vom Nord- und Ostseestrand beschrieb, beobachtet. Solche gezähnten Strandwälle und echten Strandhörner (beach cusps) traten fast ausschließlich zwischen hm 5 und hm 15 am Kies- bzw. Sand-Kies-Strand von Glowe auf. Während Sturmfluten auch hier den Strand vollkommen einebnen, werfen die hier vorherrschenden mittelhohen Wellen einen Strandwall aus Kies auf. Dabei rufen der winklig zur Strandkante auflaufende Schwall und die in Richtung des Gefälles, rechtwinklig zur Strandkante, abfließende Sogströmung eine Zähnung des Strandwalls hervor. Bei einem dafür günstigen Zusammenspiel von Wellenstärke und -rhythmus, Auflaufweite des Schwalls sowie Mächtigkeit und Korngröße des Kieses kommt es schließlich zur Auflösung des Strandwalls in einzelne Strandhörner. Der Abstand der Spitzen des gezähnten Strandwalls bzw. der isolierten Strandhörner beträgt einen oder mehrere Meter, die Höhe beider kann einen halben Meter erreichen. Wechselnde Wetterlagen und Wasserstände lassen gelegentlich beide Erscheinungen übereinander auftreten; besonders deutlich sind sie im Winterhalbjahr ausgebildet.

Anderen Ursprungs sind die Zähnung der schmalen Strandwälle aus feinem Kies und entsprechende Strandhörner, die im gleichen Bereich des Strandes im Sommer bei Niedrigwasser beobachtet werden können (GELLERT [7]). Ihre Größenordnung hält sich in jeder Richtung in Dezimetern. Die Achsen der Zähne und Hörner verlaufen nicht schräg wie bei den Sturmflutformen, sondern rechtwinklig zur Strandkante. Der schwache Schwall läuft senkrecht zur Strandlinie auf, der Sogstrom sammelt sich in den Räumen zwischen den Strandhörnern und wäscht aus ihnen den feinen Sand aus. Ganz offensichtlich handelt es sich bei diesen kleinen, bei schwach bewegter See gebildeten Strandhörnern und -wällen um Zerstörungs- und Abwaschungsformen. Die Seltenheit ihres Auftretens — gut ausgeprägt wurden sie nur in den Jahren 1957, 1958 und 1960 beobachtet — läßt auf sehr differenzierte, selten erfüllte Bedingungen ihrer Entstehung schließen, über die bislang keine näheren Erkenntnisse gewonnen werden konnten. Auch ist ihre Lebensdauer außerordentlich kurz; geringfügige Änderungen im Seegang oder Wasserstand führen zur Vernichtung dieser Kleinformen.

7.2. An- und Absandung am Seestrand

Zur Ermittlung der an der Strandoberfläche an- oder abgeschwemmten Sandmassen wurde aus den Differenzen des Strandreliefs im hm-Abstand von

TABELLE 9

Marin-litorale An- und Absandung (in 1000 m³) an der Oberfläche des Seestrandes 1962/63—1967/68 je Strandabschnitt

hm 0—8	Insgesamt			Je hm			Max./hm/Jahr	
	Ansdg.	Absdg.	Bilanz	Ansdg.	Absdg.	Bilanz	Ansdg.	Absdg.
1962/63	60,8	74,6	— 13,8	7,6	9,3	— 1,7	20,3	31,8
1963/64	42,9	74,3	+ 31,4	9,4	5,8	+ 3,6	18,3	24,1
1964/65	14,6	119,3	—104,7	1,7	14,5	—12,8	7,9	25,9
1965/66	7,9	222,8	—214,9	1,0	27,7	—27,7	6,9	62,2
1966/67	650,1[1])	10,4	+639,7[1])	81,3[1])	1,3	+80,0[1])	136,7[1])	6,5
1967/68	58,2	354,3	—296,1	7,3	44,4	—37,1	26,6	84,2
insges. Jahr	36,7	169,0	+132,3	4,6	21,1	—16,5	136,7[1])	84,2

[1]) einschließlich der künstlichen Aufsandung 1966/67

hm 9—30	Insgesamt			Je hm			Max./hm/Jahr	
	Ansdg.	Absdg.	Bilanz	Ansdg.	Absdg.	Bilanz	Ansdg.	Absdg.
1962/63	659,4	48,9	+610,5	30,0	2,3	+27,7	69,4	17,1
1963/64	141,9	522,3	—380,5	6,4	26,7	—20,3	48,4	71,5
1964/65	427,5	163,8	+263,7	19,8	7,4	+12,4	48,4	57,4
1965/66	162,8	546,5	—383,7	7,4	24,8	—17,4	41,7	58,3
1966/67	295,5	210,3	+ 85,2	13,4	9,5	+ 3,9	53,4	42,0
1967/68	537,1	658,4	—121,3	24,4	29,9	— 5,5	82,1	113,2
insges. Jahr	370,7	341,7	+ 29,0	16,8	15,5	+ 1,3	82,1	113,2

hm 31—55	Insgesamt			Je hm			Max./hm/Jahr	
	Ansdg.	Absdg.	Bilanz	Ansdg.	Absdg.	Bilanz	Ansdg.	Absdg.
1962/63	795,2	177,5	+617,7	31,8	7,1	+24,7	87,9	82,7
1963/64	390,5	530,9	−140,4	15,6	21,1	+ 5,5	61,6	61,0
1964/65	235,5	506,5	−271,0	9,4	20,2	−10,8	54,9	47,4
1965/66	401,6	633,7	−231,1	16,0	25,3	− 9,3	53,7	80,0
1966/67	471,0	522,6	− 51,6	19,0	20,9	− 1,9	83,5	96,8
1967/68	361,3	1407,3	−1041,0	14,4	41,6	−27,2	54,0	120,8
insges. Jahr	442,5	628,9	−186,4	17,7	25,1	− 7,4	87,9	120,8

hm 56—75	Insgesamt			Je hm			Max./hm/Jahr	
	Ansdg.	Absdg.	Bilanz	Ansdg.	Absdg.	Bilanz	Ansdg.	Absdg.
1962/63	197,1	489,5	−292,4	9,9	24,5	−14,6	46,3	56,4
1963/64	263,1	469,3	−206,2	13,2	23,5	−10,3	37,1	89,6
1964/65	298,8	394,9	− 96,1	14,9	19,7	− 4,8	54,1	77,3
1965/66	633,0	269,8	+363,2	31,6	14,0	+17,6	67,7	57,1
1966/67	381,7	687,1	−305,4	20,1	36,1	−16,0	129,4	125,5
1967/68	477,9	683,6	−205,7	23,9	34,2	−10,3	85,4	114,8
insges. Jahr	465,4	465,4	± 0	23,3	23,3	± 0	129,4	125,5

Tabelle 9 (Fortsetzung)

hm 76—95	Insgesamt			Je hm			Max./hm/Jahr	
	Ansdg.	Absdg.	Bilanz	Ansdg.	Absdg.	Bilanz	Ansdg.	Absdg.
1962/63	417,3	223,1	+194,2	20,8	11,0	+ 9,8	61,1	67,6
1963/64	73,8	971,5	—897,7	3,7	44,7	—41,0	20,4	88,7
1964/65	333,9	191,8	+142,1	19,7	9,6	+10,1	49,5	30,3
1965/66	490,0	143,8	+346,2	24,5	7,1	+17,4	56,2	24,2
1966/67	291,6	384,3	— 92,7	14,1	19,0	— 4,9	59,0	57,5
1967/68	288,9	414,1	—125,2	14,4	20,7	— 6,3	56,9	52,6
insges. Jahr	315,9	383,1	— 67,2	15,8	19,1	— 3,3	61,1	88,7

hm 96—108	Insgesamt			Je hm			Max./hm/Jahr	
	Ansdg.	Absdg.	Bilanz	Ansdg.	Absdg.	Bilanz	Ansdg.	Absdg.
1962/63	243,4	136,1	+107,3	17,7	10,5	+ 7,2	51,8	33,8
1963/64	56,1	346,3	—290,2	4,3	26,6	—22,3	24,3	54,5
1964/65	212,8	113,4	+ 99,4	16,4	8,7	+ 7,7	42,3	43,4
1965/66	229,4	47,4	+182,0	17,7	3,7	+14,0	40,8	14,9
1966/67	209,7	103,1	+106,6	16,1	7,9	+ 8,2	68,7	50,6
1967/68	174,1	213,6	— 39,5	13,4	16,4	— 3,0	70,4	45,4
insges. Jahr	187,6	159,8	+ 27,8	14,4	12,3	+ 2,1	70,4	54,5

TABELLE 10

Marin-litorale An- und Absandung (in 1000 m³) an der Oberfläche des Seestrandes 1962/63—1967/68 insgesamt nach Jahren

hm 0—108	Insgesamt			Je hm			Max./hm/Jahr	
insgesamt	Ansdg.	Absdg.	Bilanz	Ansdg.	Absdg.	Bilanz	Ansdg.	Absdg.
1962/63	2373,2	1149,7	+1223,5	22,0	18,0	+ 4,0	87,9	82,7
1963/64	968,3	2914,6	—1956,3	8,9	27,0	—18,1	61,6	89,6
1964/65	1523,1	1489,7	+ 33,4	14,1	13,8	+ 0,3	54,9	77,3
1965/66	1924,7	1864,0	+ 60,7	17,8	17,2	+ 0,6	67,7	80,0
1966/67	2309,7 (1659,6)*)	1917,8	+ 391,9	21,4	17,8	+ 3,6	136,7 (129,4)*)	125,5
1967/68	1897,5	3726,3	—1828,8	17,6	34,5	—16,9	85,4	120,8
insgesamt	10996,5 (10346,4)*)	12062,1	—2065,6	101,8	120,9	—19,1	136,7 (129,4)*)	125,5

*) ohne künstliche Aufsandung 1966/67 am Strand vor Glowe

TABELLE 11

Bilanzen der marin-litoralen An- und Absandung (in 1000 m³) an der

hm	1962/63		1963/64		1964/65	
	insges.	je hm	insges.	je hm	insges.	je hm
0— 8	— 13,8	— 1,7	+ 31,4	+ 3,6	—104,7	—12,8
9— 30	+ 61,5	+27,7	— 380,5	—20,3	+263,7	+12,4
31— 55	+ 617,7	+24,7	— 140,4	+ 5,5	—271,0	—10,8
56— 75	— 292,4	—14,6	— 206,2	—10,3	— 96,1	— 4,8
76— 95	+ 194,2	+ 9,8	+ 897,7	—41,0	+142,1	+10,1
96—108	+ 207,3	+ 7,2	— 290,2	—22,3	+ 99,4	+ 7,7
insges.	+1223,5	+ 4,0	—1956,3	—18,1	+ 33,4	+ 0,3

Sommer zu Sommer auf das in den einzelnen Strand- und hm-Abschnitten bewegte Material extrapoliert. Die so gewonnenen Werte für die marin-litoralen Massenbewegungen lassen im einzelnen außerordentliche regionale und annuelle Unterschiede erkennen; daraus dürfte zu schließen sein, daß eine Vielheit von allgemein gültigen und von lokalen Faktoren an ihnen und damit an der Strandbildung beteiligt ist. Eine Zusammenstellung der gewonnenen Daten für die einzelnen Strandabschnitte (Tab. 9) zeigt die Größe der bewegten Massen insgesamt und im hm-Durchschnitt sowie die Maximalwerte des an- und abgeschwemmten Sandes. Die Extremwerte je hm Strandlänge schwanken nach Tab. 10 zwischen 0 und 129400 m³ Zugang 1966/67 bei hm 75 (die 136700 m³ bei hm 3 schließen die vor Glowe künstlich aufgebrachten Sandmassen ein) und 125500 m³ Abgang.

Die Werte für die An- und Absandung differieren im Beobachtungszeitraum, wie zu erwarten, beträchtlich (Tab. 10). Besonders die Jahre 1963/64 und 1967/68 treten mit ganz erheblichen Massenverlusten sowie die Jahre 1962/63 und (nicht ganz so stark) 1966/67 mit bedeutenden Massengewinnen hervor. Sie stehen dabei häufig im Widerspruch zur Strandbreitenentwicklung, vor allem das Jahr 1967/68 mit dem größten Breitengewinn bei sehr hohem Massenverlust. Diese Differenzen zwischen Breitenentwicklung und Massenbewegungen werfen interessante Fragen nach der Form und dem Sandinhalt des Strandes auf, die später zu erörtern sind.

Beachtliche Unterschiede des mittleren Maßes der An- und Absandung treten zwischen den einzelnen Strandabschnitten auf (Tab. 11). Die mittleren Abschnitte zeichnen sich insgesamt durch Massenverluste gegenüber den Abschnitten an den beiden Enden aus, wo Gewinne zu verzeichnen sind (vom Strand vor Glowe wiederum abgesehen).

Oberfläche des Seestrandes nach Strandabschnitten und Jahren

1965/66		1966/67		1967/68		Insgesamt (∅ Jahr)	
insges.	je hm	insges.	je hm	insges.	je hm	insges.	je hm
−219,9	−27,7	+639,7	+80,0	− 296,1	−37,1	− 132,3	−16,5
−343,7	−17,4	+ 85,2	+ 3,9	− 121,3	− 5,5	+ 29,0	+ 1,3
−231,1	− 9,3	− 51,6	− 1,9	−1041,0	−27,2	− 186,4	− 7,4
+363,2	+17,6	−305,4	−16,0	− 205,7	−10,3	± 0	± 0
+346,2	+17,4	− 92,7	− 4,9	− 125,2	− 6,3	− 67,2	− 3,3
+182,0	+14,0	+106,6	+ 8,2	− 39,5	− 3,0	+ 27,8	+ 2,1
+ 60,7	+ 0,6	+391,9	+ 3,6	−1828,8	−16,9	−2065,6	−19,1

7.3. An- und Absandung in der Vorzone

In gleicher Weise wie aus den Reliefdifferenzen am Strand wurde auch in seiner Vorzone bis etwa 350 m nach See auf die Massenbewegungen extrapoliert. Leider stand hierfür nur das Jahr 1967/68 zur Verfügung. Trotzdem erweisen sich die gewonnenen Daten als allgemein bedeutsam und geben darüber hinaus noch spezielle Hinweise auf Besonderheiten der Strandentwicklung in diesem Jahr.

Wie aus Tab. 12 zu erkennen ist, schwanken die Daten der an- und abgeschwemmten Sandmassen in der Vorzone regional sehr stark. Der recht geringe Massenumsatz vor dem Ort Glowe (in starkem Gegensatz zu demjenigen vor dem Badestrand) hängt mit der besonderen Entwicklung der Glowe-Bucht zusammen. Groß ist der Überschuß der bewegten Sandmassen vor dem Langen Mittelstrand, während er vor dem Badestrand von Juliusruh abnimmt und vor dem nordwestlichen Strandende gar ein Massendefizit zu verzeichnen ist.

Von Interesse ist es, die Massenbewegungen am Strand mit denen der Vorzone, besonders der Zone der Sandriffe, in Beziehung zu setzen. Trotz der Fehler, die die teilweise Identität der an- und abgesandeten Massen innerhalb eines begrenzten Raumes verursacht, können damit Vorstellungen über die Massenbewegungen innerhalb des einheitlichen dynamischen Systems des Strandes und seiner Vorzone gewonnen werden (Tab. 13). Setzt man dabei An- und Absandung der beiden Komponenten dieses Systems in Beziehung zueinander, so ergeben sich für die einzelnen Abschnitte der Schorre und der Sandriffzone Überschüsse an- oder abgesandeter Massen, die innerhalb dieser Zone oder im Austausch mit uferferneren Partien ihre Deckung gefunden

TABELLE 12

An- und Absandung (in 1000 m^3) auf der Schorre (Riffzone) 1967/68

hm	Insgesamt			Je hm			Max./hm/Jahr	
	Ansdg.	Absdg.	Bilanz	Ansdg.	Absdg.	Bilanz	Ansdg.	Absdg.
0— 8	142,2	83,6	+ 58,6	17,7	10,4	+ 7,3	37,2	46,1
9— 30	1654,8	185,5	+1469,3	50,2	8,4	+41,8	132,7	36,5
31— 55	998,8	427,8	+ 571,0	40,0	17,1	+22,9	77,8	40,4
56— 75	878,0	321,4	+ 556,6	43,9	16,7	+27,2	66,0	47,0
76— 95	481,0	408,9	+ 72,1	24,0	20,4	+ 3,6	40,0	56,0
96—108	208,4	351,0	— 142,6	16,0	27,0	—11,0	29,4	116,0
insgesamt	4363,2	1778,2	+2585,0	40,4	16,4	+24,0	132,7	116,0

TABELLE 13

Massenbewegungen (in 1000 m^3) innerhalb der Schorre bis 350 m vor dem Strand sowie zwischen dieser und der offenen See (Tromper Wiek) 1967/68 als Differenz gegenüber den Massenbewegungen am Strand

	hm 0—8		hm 9—30		hm 31—55		hm 56—75		hm 76—95		hm 96—108		Insgesamt	
Strand	Ansdg.	Absdg.	Ansdg.	Absdg.	Ansdg.	Absdg.	Ansdg.	Absdg.	Ansdg.	Absdg.	Ansdg.	Absdg.	Ansdg.	Absdg.
	58,2	354,3	537,1	658,4	361,3	1402,3	477,9	683,6	288,9	414,1	174,1	213,6	1897,5	3726,3
Schorre	Absdg.	Ansdg.	Absdg.	Ansdg.	Absdg.	Ansdg.	Absdg.	Ansdg.	Absdg.	Ansdg.	Absdg.	Ansdg.	Absdg.	Ansdg.
	83,6	142,2	185,5	1654,8	427,8	998,8	321,4	878,0	408,9	481,0	351,0	208,4	1778,2	4363,2
Schorre abzüglich Strand-An- und Absandung														
Ansdg.			351,6	996,4			156,5	194,4		66,9			119,3	636,9
Absdg.	25,4	212,1			66,5	403,5			120,0		176,9	5,2		

	An-sandung	Ab-sandung	Bilanz
Fazit: auf der Schorre (Riffzone)	1765,8	1009,6	+756,2
davon von/nach See (lt. Summendifferenz)	756,2	0	

haben müssen (Tab. 13). Aus der positiven Bilanz der in der Vorzone des Seestrandes insgesamt bewegten Massen ergibt sich dabei ein kleiner Überschuß, der von See her in das dynamische System von Schorre und Strand eingeführt worden ist. Dieses Rechenergebnis steht im Einklang mit dem morphologischen Befund, nach welchem sich vor dem Seestrand der Schaabe die Sandriffe als mobile Form halten und jenseits der Vorzone flachgeneigte Sandplatten den Meeresboden bilden.

7.4. An- und Absandung in der Glowe-Bucht

Im Rahmen der Dynamik des Seestrandes und seiner Vorzone kommt der Glowe-Bucht eine besondere Bedeutung zu. In ihrer seeseitigen Begrenzung durch eine Linie vom Kopf des Steindammes am Königshörn zum hm 10 am Badestrand von Glowe umschließt sie eine Fläche von 0,3 km². Durch Extrapolierung aus dem Relief des Meeresbodens von Sommer zu Sommer konnte HEIN [30] für die Jahre 1958/59, 1966/67 und 1967/68 auf das Maß der Massenbewegungen in der Bucht schließen. Das Ergebnis läßt, wie von WILSEN [62] und HEIN [30] dargelegt, erhebliche, von Jahr zu Jahr unterschiedliche Massenbewegungen nach Umfang und Bilanz erkennen (Tab. 14). Großen Ausräumungen im Jahre 1958/59 in der ganzen Bucht (außer am Ostufer und vor dem Badestrand westwärts sowie seeseitig im Zuge der um das Königshörn setzenden Strömung) steht 1966/67 eine Aufsandung der Bucht mit Ausnahme der ufernahem Partien gegenüber. Das Jahr 1967/68 dagegen ist bei mäßiger An- und Abschwemmung durch eine zungenartige Aufsandung von W her charakterisiert. Im einzelnen zeigen die Daten vielfältige Variationen, die mit den wechselhaften Wasserbewegungen innerhalb der Bucht im Zusammenhang stehen.

TABELLE 14
An- und Absandung (in 1000 m³) verschiedener Jahre in der Glowe-Bucht

	Ansandung	Absandung	Bilanz
1958/59	10,25	31,50	−21,25
1966/67	76,25	17,55	+58,70
1967/68	20,50	27,00	− 6,50

7.5. Volumen und Habitus des Seestrandes

Um die Massenbewegungen am Seestrand der Schaabe und in der Vorzone voll bewerten zu können, müßte man den Umfang der hierfür zur Verfügung stehenden Sandmassen kennen. Diese lassen sich wiederum nur vollständig erfassen, wenn bekannt ist, bis zu welcher Entfernung vom Strand Sand aus der Tromper Wiek in das Bewegungssystem der Uferzone einbezogen wird, wofür bisher keine Beobachtungen vorliegen. Vor allem wäre es notwendig, Untergrenze und Mächtigkeit der mobilisierbaren Sandmassen unter der Oberfläche des Strandes und der Vorzone zu kennen, wie sie nur durch Schürfe und Flachbohrungen gewonnen werden können. Im Gegensatz zu Ost-Rügen (Brauckhoff [3]; Niedermeyer [43]—[45]; Gusen [29]) fehlen entsprechende Untersuchungen an der Küste Nord-Rügens und konnten auch im Rahmen unserer Arbeiten nicht beigebracht werden. Die nachfolgenden Erörterungen über die mobilisierbaren Sandmassen müssen sich daher auf die in dieser Arbeit skizzierten Fakten beschränken.

Einer beiläufigen Bemerkung in der Literatur folgend, wurde für die Ermittlung des Sandvolumens das NN-Niveau als geometrische Untergrenze der mobilisierbaren Sandmassen angenommen. Aus dem Profil des Strandes wurde dann auf sein Volumen zwischen Uferlinie und Dünenfuß extrapoliert. In die hierbei gewonnenen Zahlen sind daher auch die Sandmassen eingeschlossen, die der Strand durch die oben im einzelnen behandelten Bewegungen des Dünenfußes gewann oder verlor. Die Volumina dieses passiven Strandgewinns bzw. -verlustes selbst stehen außerhalb des Rahmens unserer Betrachtungen; sie können jedoch ganz erhebliche Beträge erreichen, die das Volumen der marin-litoralen Massenbewegungen beträchtlich überschreiten.

Der Masseninhalt des Seestrandes der Schaabe schwankt regional und annuell sehr (Tab. 15). Bemerkenswert ist hierbei die Tendenz zu einer ausgeglichenen Stabilisierung der Strandvolumina sowohl in der Längserstreckung des Strandes als auch in der Entwicklung von Jahr zu Jahr, die mit der Rückverlegung des Dünenfußes seit Mitte der 1960er Jahre und dem damit verbundenen passiven Volumengewinn in Zusammenhang steht. Ein Überblick über die Strandvolumina (Tab. 15) erweist ein Minimum mit 272400 m^3 (1964) und ein Maximum mit 413700 m^3 (1968); das entspricht einem Strandinhalt von 2500 bzw. 3800 m^3 auf 1 hm Strandlänge. Der Lange Mittelstrand hat die bei weitem überragenden hm-Volumina aufzuweisen; neben aktuellen marin-litoralen Prozessen ist dafür vor allem das allgemeine Zurückweichen des Dünenfußes bzw. der Küstenlinie verantwortlich. Nach den beiden Strandenden sinken die hm-Volumina auf etwa 2/3 und in der Glowe-Bucht gar unter 1/2, unter Ausschluß der künstlichen Aufspülungen auf etwa 1/3, ab. Sie erweisen sich dadurch beide als typisch für einen langen, an pleistozänen Massiven aufgehängten Strandbogen.

In ihrer regional differenzierten Größe spiegeln die hm-Strandvolumina die Form und Entwicklung des Seestrandes wider. Für die Gestalt und geometrische Figur der Auflaufplatte einer bis an den Dünenfuß reichenden Sturmflutbrandung konnten weder Aussagen gewonnen werden, noch liegen solche

Tabelle 15

Strandvolumen (in 1000 m³) oberhalb 0 m NN 1962—1968 nach Strandabschnitten und insgesamt

Jahr	hm 0—8		hm 9—30		hm 31—55		hm 56—75		hm 76—95		hm 96—108		Insgesamt	
	ins-ges.	je hm	ins-ges.	je hm	ins-ges.	je hm	ins-ges.	je hm	ins-ges.	je hm	ins-ges.	je hm	Summe	je hm
1962	11,7	1,4	67,8	3,1	115,7	4,6	85,6	4,3	79,0	4,0	33,0	2,5	392,8	3,6
1963	13,9	1,6	68,4	3,1	89,8	3,6	79,0	4,0	83,5	4,2	33,5	2,6	367,0	3,4
1964	12,2	1,5	50,9	2,2	66,5	2,6	61,9	3,1	59,0	3,0	21,9	1,6	272,4	2,5
1965	12,8	1,6	60,5	2,7	76,1	3,0	58,4	2,9	61,0	3,0	26,6	2,0	295,4	2,7
1966	8,1	1,0	58,0	2,6	76,6	3,0	72,3	3,6	69,6	3,5	31,2	2,4	315,8	3,0
1967	16,6*)	2,1*)	54,2	2,5	74,9	2,9	69,1	3,4	68,3	3,4	36,4	2,8	319,5	3,0
1968	19,4*)	2,4*)	89,1	4,0	105,5	4,2	89,9	4,5	73,0	3,6	36,8	2,8	413,7	3,8
Mittel 1962—1968	13,4*)	1,7*)	64,1	2,9	86,4	3,4	73,7	3,7	60,3	3,0	31,3	2,4	339,5	3,1

*) einschließlich der künstlichen Aufsandung vor Glowe

in der Literatur vor (abgesehen von einer einmaligen Messung der Neigung der Sturmflutauflaufplatte bei hm 13 mit 4—5°). Deshalb wurde als Scheide zwischen vollem (gewölbtem) Strand einerseits und hohlem andererseits eine dieser Platte mit ihrem leicht durchhängenden Profil zweifellos sehr nahe kommende schräge Fläche zwischen Uferlinie und Dünenfuß angenommen. Sie stellt sich im Profilschnitt des Strandes als Hypotenuse eines rechtwinkligen Dreiecks mit Strandbreite und Höhe des Dünenfußes als Katheten dar. Die Höhe der Hypotenuse über der Mitte der Strandbreite entspricht der halben Höhe des Dünenfußes. Der Flächeninhalt eines Rechtecks aus der halben Höhe des Dünenfußes und der Strandbreite gleicht dem Flächeninhalt des rechtwinkligen Dreiecks. Ist nun die mittlere Strandmächtigkeit über NN größer als die halbe Höhe des Dünenfußes, dann liegt ein voller Strand, ist sie kleiner, dann ein hohler Strand, im Falle der Identität beider Maße ein schräger Strand vor. Auch an Stränden, die sich nach dieser Berechnung als schräg oder hohl erweisen, können im Grenzbereich von nassem und trockenem Strand gewölbte Formen (etwa Strandwälle) auftreten, hinter denen dann eine niedrigere, eingewölbte Strandplatte mit nur geringen Mächtigkeiten liegt. Die auf diesem Wege ermittelten Gesamtformen des Strandes entsprechen damit weniger seiner aktuellen Gestalt, sie stellen vielmehr Ernährungsgrade dar, die die Ressourcen des Strandes an mobilisierbaren Massen widerspiegeln. Hohle Strände können dabei, wie besonders die des Jahres 1968 zeigen, erheblich breiter sein als gut ernährte, volle Strände anderer Jahre oder andere Teile des Strandes. In diesem Sinne gewähren die Ernährungsgrade Hinweise auf den Gesamtzustand, den Habitus des Strandes.

Wie die meisten anderen Erscheinungen am Seestrand der Schaabe läßt auch sein Habitus erhebliche regionale Variationen erkennen. Zu beachten ist vor allem ein reger arhythmischer Wechsel von vollen und hohlen Stränden in fast allen Jahren (ausgenommen vor allem 1967) und über weite Teile des Strandes, ebenso aber auch stabile, gut ernährte volle Strände, besonders 1963 und 1966, in der östlichen Hälfte und 1967 über seine ganze Länge. 1962 und 1964 herrschten unterernährte, hohle Strände vor, und auch für 1968 ist das Bild der Strandernährung recht unruhig. Läßt der häufige Wechsel von vollen, schrägen und hohlen Stränden rhythmische Vorgänge bei den uferparallelen Massenbewegungen vermuten, so widersprechen dem lange Strandpartien mit gleichbleibend gutem oder schlechtem Ernährungsgrad bzw. Habitus. Immerhin weisen der schlchte Ernährungszustand und der zwischen voll und hohl wechselnde Habitus weiter Teile des Seestrandes ebenso wie die Stabilität über Jahre in seiner östlichen Hälfte auf eine komplizierte, noch ungeklärte Dynamik in einem großen Rahmen, etwa der Tromper Wiek, hin.

TABELLE 16

Gesamtzustand (Habitus) des Seestrandes 1962—1968 in Form voller (+), schräger (0) und hohler Strände (—) nach Strandabschnitten und insgesamt

Jahr	hm 0—8			hm 9—30			hm 31—55			hm 56—75			hm 76—95			hm 96—108			Insgesamt		
	+	0	—	+	0	—	+	0	—	+	0	—	+	0	—	+	0	—	+	0	—
1962	7	1	—	17	3	5	7	—	18	1	4	15	5	3	12	3	5	5	37	16	55
1963	4	2	2	21	1	—	22	2	1	9	5	6	10	4	6	8	3	2	74	17	17
1964	4	3	1	21	—	1	13	6	6	8	6	6	1	3	16	6	3	4	53	21	34
1965	6	—	2	22	—	2	12	5	8	2	6	12	2	3	15	6	3	4	48	17	43
1966	3	2	3	14	1	7	21	4	—	12	6	2	9	5	6	7	5	1	67	23	18
1967	4	—	4	20	1	1	22	2	1	14	2	4	16	3	1	9	2	2	85	10	13
1968	1	3	4	15	4	3	6	4	15	6	6	8	11	2	7	8	3	2	47	22	39
Mittel 1962—1968	4	1	3	18	1	3	15	3	7	8	5	7	7	4	9	7	3	3	59	18	31

Eine Auszählung der drei Strandtypen — voll, schräg und hohl (Tab. 16) — läßt vom Badestrand von Glowe mit der meist und im Mittel höchsten Anzahl von hm-Abschnitten vollen Strandes über die westlich anschließenden Abschnitte zum Nordwestende hin eine deutliche Abnahme der Anzahl der vollen Strände erkennen; ihr steht zum östlichen Ende eine Abnahme der hohlen Strände gegenüber. Diese volumenmäßige Belastung des Strandes nach E hin (außer in der Glowe-Bucht) steht im Einklang mit der mehrfach erwähnten Wirkung von starker Küstenströmung und starkem Seegang um das Königshörn als dem maßgebenden Faktor für den Aufbau des Seestrandes. Bemerkenswert ist die Abnahme der vollen bei Zunahme der hohlen Strände in der Glowe-Bucht von 1962 auf 1968 trotz der künstlichen Aufspülungen, die sich vielleicht in der 1968 wieder gesteigerten Anzahl schräger Strände widerspiegeln.

8. Gesamtdynamik des Seestrandes

Die Erkenntnisse über Struktur, Dynamik und Entwicklung des Seestrandes der Schaabe lassen sich unter zwei Aspekten zusammenfassen. Es sind das einmal seine laterale, regional differenzierte Struktur, die Rückschlüsse auf die Dynamik und Genese im Rahmen des Systems der Tromper Wiek erlaubt, zum anderen die unterschiedlichen Daten in der Folge der Beobachtungsjahre, die Hinweise auf eine zeitliche Dynamik der Entwicklung des Seestrandes geben. Hieraus können jedoch wegen des relativ kurzen Beobachtungszeitraums noch keine gültigen Gesetzmäßigkeiten abgeleitet werden. Jedes Jahr (wie z.B. 1968) kann neue Überraschungen bringen und neue Erkenntnisse vermitteln.

8.1. Regionale Dynamik

Aus allen Beobachtungen kann als wesentliches Moment des Seestrandes eine charakteristische morphologische Differenzierung von seinen beiden Enden in Richtung auf den Langen Mittelstrand, insbesondere seinen westlichen Teil, sowie eine Akzentuierung der östlichen Abschnitte, vor allem des Badestrandes von Glowe, gegenüber den nordwestlichen (Badestrand von Juliusruh, Strandende) festgestellt werden. Der Strand der Glowe-Bucht, bei einzelnen Erscheinungen bis in den Badestrand hinein, stellt ein besonderes System dar.

Die Steinigkeit und die Körnungsverhältnisse weisen auf eine Materialzufuhr und Materialtransport von den Seiten zur Mitte hin. Dem entspricht eine Verlagerung der Großbögen der Strandlinie im Laufe der Beobachtungsjahre gegen eine Mittellinie um hm 60 (Gellert [13]). Auch mag es mit der Kornverteilung zusammenhängen, daß Kleinbögen nur in den mittleren Strandteilen auftreten. Die Zunahme der Strandbreite und das Ansteigen des Sandvolumens gegen die mittleren Abschnitte weisen auf eine erhöhte Akkumulation in diesen Teilen hin.

Dagegen tendiert die zeitliche Entwicklung, wiederum abgesehen von beiden Enden, nach einer Verbreiterung in westlicher Richtung; das läßt auf eine Sandzufuhr vor allem aus E in Lee des Königshörns schließen, wie sie etwa auch im Strandhabitus zum Ausdruck kommt. Die gleiche Tendenz zu einem Massengewinn zeigt die Vorzone der östlichen und mittleren Abschnitte gegenüber den Vorzonen vor den nordwestlichen Abschnitten. Unterschiedlich sind dagegen die Mittelwerte der An-/Absandungsbilanzen: In den mittleren Abschnitten erfolgt eine allgemeine Verlagerung der Strandlinie gegen See gegenüber den beiderseits anschließenden Abschnitten (außer in der Glowe-Bucht). Daß auch der Dünenfuß am Langen Mittelstrand und am Badestrand von Juliusruh sich seewärts vorschiebt, dürfte mit der Neubildung von Vordünen aus ausgewehten Feinsanden zusammenhängen. Ihr entsprechen die Prozeßtypen Sandanschwemmung — Dünenabtrag (Langer Mittelstrand West) und besonders Sandabschwemmung — Dünenanbau (Badestrand von Glowe), die hier eine Tendenz zu seewärtiger Verlagerung von Ufer- und Strandlinie anzeigen. Daß hier indessen der Dünenfuß etwas höher liegt als an den Strandenden, dürfte mit einer höher auf den Strand auflaufenden Sturmflutbrandung als Folge der offenen Exposition dieser Abschnitte begründet sein.

8.2. Zeitliche Dynamik

Oftmals wesentlich beeindruckender als die Erscheinungen der lateralen (regionalen) Dynamik sind die Veränderungen des Seestrandes von Jahr zu Jahr. Auf die zeitlichen Breitenänderungen in den einzelnen Abschnitten und insgesamt wies GELLERT [13] bereits 1967 hin. Daß es sich bei diesen annuellen Veränderungen der Strandbreite nicht um einen einfachen Vorgang, sondern einen Komplex verschiedener Prozesse mit quantitativ und qualitativ unterschiedlichen Auswirkungen handelt, ergibt sich aus dem mehrfach davon abweichenden Gang anderer Erscheinungen.

Aus allen in den vorangegangenen Abschnitten erörterten Tatsachen ergibt sich als Gesamtbilanz für den Seestrand der Schaabe in den Beobachtungsjahren die allgemeine Tendenz einer Zunahme der Strandbreite, im wesentlichen bei gleichzeitigem Strandgewinn nach See und Land, verbunden mit einer insgesamt negativen Bilanz des Strandvolumens (!). Ganz offensichtlich ist diese Gesamttendenz stark durch die von den vorhergehenden Jahren abweichende Entwicklung des Strandes im Winter 1967/68 beeinflußt. Deshalb und wegen des begrenzten Beobachtungszeitraums hat diese Aussage nur einen relativen Wert. Im einzelnen ist ein jeweils zwei- bis dreijähriger Rhythmus der positiven und negativen Strandentwicklung und der entsprechenden Änderung des Gesamthabitus, wie er im Beobachtungszeitraum jeweils viermal auftrat, als Folge eines Komplexes verschiedener marin-litoraler Prozesse bemerkenswert.

9. Hydrologische und meteorologische Verhältnisse in der Tromper Wiek

Im Hinblick auf die Bedeutung von Wasserstandsschwankungen, Meeresströmungen und Seegang, vor allem Sturmfluten, als Motoren für die marin-litoralen Prozesse wurde die Dynamik und Entwicklung des Seestrandes der Schaabe zu den großräumigen (Ostseebecken) und, soweit erfaßbar, lokalen Wasserstandsschwankungen, den Strömungen in der Tromper Wiek und nahe am Ufer des Seestrandes sowie mit den Winden und Stürmen im Gebiet von Nord-Rügen in Beziehung gesetzt. Neben eigenen Beobachtungen an der Wissenschaftlichen Station Glowe und an dem ihr vorgelagerten Strand (hm 13) während der Sommermonate dienten hierzu die Beobachtungen der Wetter- und Klimastation auf Kap Arkona sowie der Seepegel Saßnitz. Während die Windbeobachtungen von Kap Arkona ohne Bedenken auf die gesamte Tromper Wiek übertragen werden können, gilt das für die Daten des Seepegels nur bedingt, weil dieser an einer mehr nach SE offenen Seeküste liegt, die Tromper Wiek dagegen von N bis E geöffnet ist. Inwieweit die für die offene Seeküste des nordöstlichen Rügen erfaßten Wasserstandsschwankungen innerhalb des Halbbeckens der Tromper Wiek eine regionale Differenzierung erfahren, bedarf der Erörterung.

9.1. Wasserstandsschwankungen der offenen See

Die Wasserstände der praktisch gezeitenlosen Ostsee (Gezeitenhub bei Rügen etwa 9 cm) werden im wesentlichen durch die großräumigen Schaukelbewegungen (Seiches) im gesamten Ostseebecken einerseits und von kurzen Sturmhochwassern andererseits in Verbindung mit der regionalen Reliefgestaltung im Küstenbereich bestimmt (u. a. Hupfer [34]). Sie stellen damit für die Ostseeküsten, so auch Nord-Rügen, ferngesteuerte Vorgänge dar, die dem Wettergeschehen lang- oder kurzfristig untergeordnet sind und die marin-litoralen Prozesse auslösen.

Die Wasserstände der Ostsee selbst zeigen trotz kurzfristiger Erhöhung während Sturmwetterlagen langjährig eine relativ geringe Schwankungsbreite. Sie liegt am Seepegel Saßnitz nur zwischen 561—616 cm PN Hochwasser und 377—429 cm PN Niedrigwasser bei einem mittleren Wasserstand zwischen 491 und 505 PN (Tab. 17). Die entsprechenden Wasserstände im

TABELLE 17
Wasserstände (in cm PN) am Seepegel Saßnitz 1957/58—1967/68 (nach Gewässerkundl. Jahrbuch der DDR)

Jahr	Jahr Juli—Juni			Halbjahr Januar—Juni		
	NiW	MW	HW	NiW	MW	HW
1957/58	420	503	616	420	492	585
1958/59	419	500	577	419	497	577
1959/60	413	491	575	413	485	575
1960/61	410	503	582	410	500	582
1961/62	411	504	612	411	500	612
1962/63	429	494	575	429	484	575
1963/64	428	495	599	435	492	599
1964/65	418	499	603	418	460	603
1965/66	409	499	565	447	495	548
1966/67	414	504	561	426	504	561
1967/68	377	505	610	439	500	610

jeweiligen Halbjahr Januar—Juni mit 548—612 cm PN bzw. 410—447 cm PN bei Mittelwassern von 460—504 cm PN sind ähnlich. Wenn so auch die Schwankungen bis jeweils 1 m in jeder Richtung gegenüber den mittleren Wasserständen recht beträchtlich sind, kann ihnen doch keine die differenzierte Entwicklung des Seestrandes der Schaabe beeinflussende Bedeutung beigemessen werden. Bei Wasserständen unter Mittelwasser fielen weite Strecken des Vorstrandes trocken, und Hochwasserstände traten praktisch nur in Verbindung mit Sturmfluten auf. Bemerkenswert erscheinen nur die geringe maximale Hochwasserhöhe im 1. Halbjahr 1966 mit nur 548 cm PN und der tiefe Mittelwasserstand im 1. Halbjahr 1955 mit nur 460 cm PN, der mit einer erheblichen Verbreiterung des Strandes 1964/65 zusammenfällt; dagegen nahm die Breite 1965/66 trotz der geringen Höhe des Hochwasserstandes und eines niedrigen Mittelwasserstandes ebenso erheblich wieder ab, obgleich das Gegenteil zu erwarten gewesen wäre. Auch in anderen Jahren ist kaum eine wesentliche Beziehung zwischen Wasserständen und Strandentwicklung zu erkennen.

Aus Versuchsmessungen an verschiedenen Stellen des Seestrandes an wind- und seegangsstillen Tagen wurden innerhalb der Tromper Wiek lokale lang- oder kurzfristige periodische Wasserstandsschwankungen nach Art der Seiches mit Schwankungshöhen von mehreren Zentimetern und Perioden zwischen einer halben und mehreren Stunden als wahrscheinlich ermittelt

TABELLE 18

Andauer der Wasserstände 7 h unter/über Pegelnull am Seepegel Saßnitz 1957/58—1967/68 (nach Gewässerkundl. Jahrbuch der DDR)

Jahr	Jahr Juli—Juni						Halbjahr Januar—Juni					
	< 500 cm PN		500—550 cm PN		> 550 cm PN		< 500 cm PN		500—550 cm PN		> 550 cm PN	
	Tage	%	Tage	%	Tage	%	Tage	%	Tage	%	Tage	%
1957/58	127	35	226	62	11	3	86	48	91	50	4	2
1958/59	184	51	177	48	4	1	116	64	61	34	4	2
1959/60	242	66	119	33	3	1	154	85	24	14	2	1
1960/61	157	43	206	56	2	1	84	46	97	54	—	—
1961/62	159	43	198	54	8	3	106	59	68	37	7	4
1962/63	221	61	141	38	3	1	162	89	17	10	2	1
1963/64	237	65	121	33	5	2	138	76	40	22	4	2
1964/65	197	54	168	46	—	—	131	72	50	28	—	—
1965/66	200	55	165	45	—	—	120	66	61	34	—	—
1966/67	136	57	229	63	—	—	69	38	111	62	—	—
1967/68	121	33	242	66	2	1	89	50	91	50	1	—
Mittel (Jahr)	180	49	181	50	4	1	114	63	64	36	2	1

(vgl. auch HEYER [31]). Inwieweit diese für die Kleinformung des Strandsaumes eine Rolle spielen, muß dahingestellt bleiben. Jedoch sollte es hydrographisch interessant sein, den Wasserspiegelschwankungen in der Tromper Wiek durch korrespondierende Pegelbeobachtungen an mehreren Stellen des Ufers zwischen Kap Arkona und Glowe bzw. Lohme nachzugehen.

Von größerer Bedeutung für die Entwicklung des Seestrandes der Schaabe sollten die Andauerzeiten hoher und niedriger Wasserstände sein, wie sie aus einer Auszählung der 7-h-Terminbeobachtungen am Seepegel Saßnitz für die einzelnen Jahresperioden Sommer—Sommer und die Halbjahre Januar—Juni hervorgehen (Tab. 18). Jedoch treten auch hierbei keine bemerkenswerten Relationen auf.

Nach alledem ist den Wasserstandsschwankungen im Beobachtungszeitraum keine unmittelbare Bedeutung für die Formenbildung des Seestrandes der Schaabe beizumessen. Ihr Einfluß ist den Einwirkungen anderer Vorgänge, insbesondere des Wettergeschehens, integriert.

9.2. Strömungs- und Seegangsverhältnisse in der Tromper Wiek

Über die Strömungsverhältnisse in der Tromper Wiek hat PLEWE [46] grundlegende Untersuchungen vorgelegt (vgl. v. BÜLOW [5]; GELLERT [8]; HEYER [31]). Sie wurden in neuerer Zeit von HUPFER [34] und im Rahmen der Potsdamer Untersuchungen am Seestrand der Schaabe und vor der Glowe-Bucht (HEYER [31]; SCHRADER [50], [51]) modifiziert. Nach HUPFER sind die Strömungen in der Tromper Wiek vor allem abhängig von den großen, weitgehend durch die Windverhältnisse bedingten Wasserbewegungen in der weiteren Umgebung, vor allem zwischen den Seegebieten vor Wittow und Jasmund. Die hier in nordwestlicher oder südöstlicher Richtung vorbeisetzenden Strömungen der offenen Ostsee bewirken innerhalb der Tromper Wiek sekundäre Strömungen, denen, wie besonders HUPFER zeigt, lokale Zirkulationssysteme untergeordnet sind. Ein solches System, das bis an das westliche Ende des Seestrandes der Schaabe wirksam wird, beschreibt HUPFER aus der westlichen Ausbuchtung der Tromper Wiek im Raum Arkona—Vitte—Juliusruh (Vitter Bucht), ein anderes, kleineres und schwächeres entwickelt sich vor allem hinter dem Steindamm am Königshörn (SCHRADER [50], [51]). Beide lassen zeitweise rechts- oder linksdrehende Gegenströme erkennen. Infolge des lokalen Zirkulationssystems in der Vitte-Bucht treten bei östlichen Windlagen über Nord-Rügen zuweilen Gegenströmungen in der ufernahen Zone auf, die sich über Juliusruh hinaus entlang des Seestrandes bis nahe Glowe ausdehnen (HUPFER [34], Abb. 33). Grundsätzlich können unter Bezug auf die Windströmungen über Nord-Rügen in Präzisierung und Modifizierung der Darstellung von PLEWE vier Typen von Strömungen in der Tromper Wiek unterschieden werden (Abb. 4).

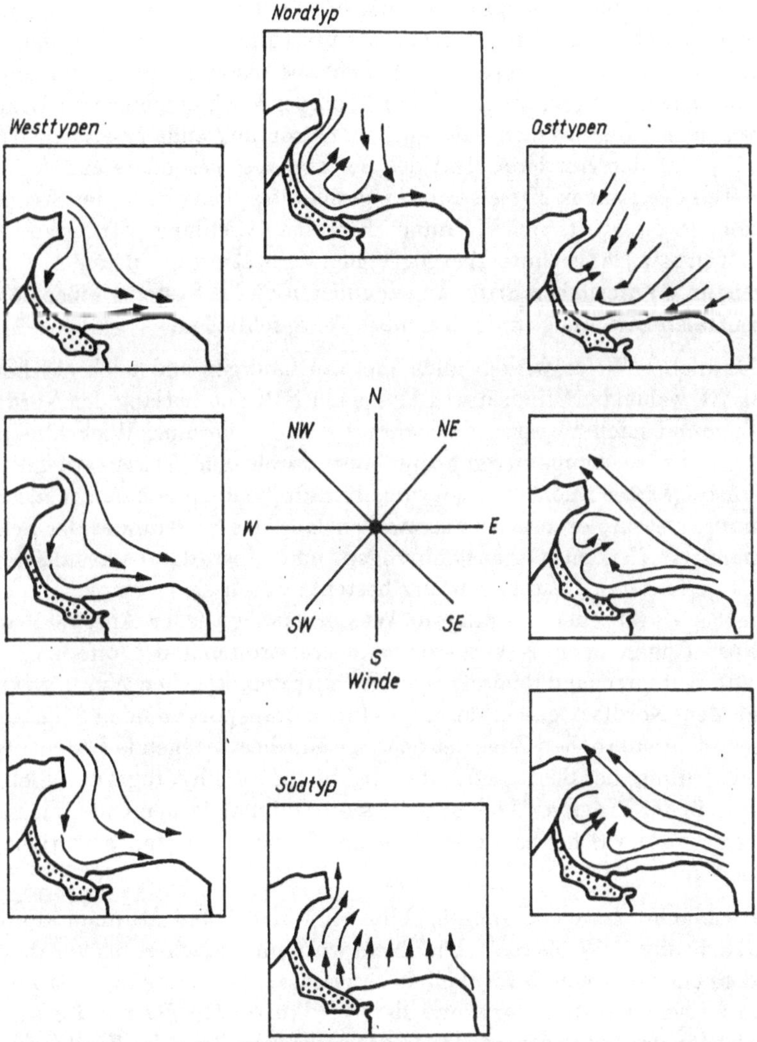

Abb. 4. Die Strömungsverhältnisse in der Tromper Wiek nach Windsektoren (nach Heyer, Hupfer und Schrader)

Unter diesen Strömungstypen besitzt der Südtyp mit ablandigen südlichen Winden für die Entwicklung des Seestrandes nur untergeordnete Bedeutung. Unter dem Einfluß ablandiger Wasserbewegungen fallen oft weite Teile des Vorstrandes trocken, ohne daß dies sich morphologisch auswirkt. Nördliche

Winde dagegen führen bei größerer Stärke zu einem Stau von Wassermassen in der Tromper Wiek; diese weichen als ufernahe Strömung von der Vitte-Bucht her, vorbei am Seestrand der Schaabe, nach E, zur Nordküste von Jasmund einerseits und innerhalb der Tromper Wiek zu einer von E und W her genährten, auswärts gerichteten Gegenströmung andererseits aus (Nordtyp). Die auf den mittleren Teil des Seestrandes, besonders auf den westlichen Teil des Langen Mittelstrandes, gerichteten Tendenzen der Strandentwicklung (Steinigkeit und Körnung, Breitenentwicklung, Strandvolumina, Großbögen usw.) lassen unter den gegebenen Verhältnissen auf eine Aufhebung der genannten ufernahen Strömung zugunsten dieses Systems einer ablandigen zentralen Strömung in der Tromper Wiek schließen.

In ähnlicher Weise wirken auch die viel häufiger und auch stärker aus NE bis SE wehenden Winde durch eine nach NW und entlang der Nordküste von Jasmund nach W setzende Strömung in die Tromper Wiek hinein. Sie rufen hier im Zusammenwirken mit einer durch den Wasserstau an deren Westküste (Vitter Bucht) ausgelösten linksdrehenden Lokalzirkulation ein Strömungssystem hervor, das aus zwei entlang des Seestrandes der Schaabe aufeinandertreffenden Gegenströmungen und einer daraus resultierenden nach N gerichteten Hauptströmung besteht; durch sie gewinnen die von E her in das Halbbecken gedrängten Wassermassen wieder Anschluß an die vor Nord-Rügen nach NW setzende Meeresströmung der offenen Ostsee (Osttyp). Entsprechend dem häufigeren Auftreten östlicher Winde gewinnen die für den Nordtyp geschilderten sedimenttransportierenden Küstenströmungen in der ufernahen Zone der Schaabe eine hervorragende Bedeutung für die Entwicklung des Seestrandes. Somit kommen die hydrographischen Forschungen in der Tromper Wiek und die morphodynamischen Untersuchungen am Seestrand der Schaabe zu den gleichen Ergebnissen und bestätigen sich gegenseitig.

Viel einfacher ist das Strömungsbild bei Winden und Stürmen aus westlicher Richtung (NW bis SW). Durch sie wird ein einfaches, bis vor den Seestrand reichendes, von NW nach E setzendes, linksdrehendes Strömungssystem zwischen Kap Arkona und der Nordküste von Jasmund ausgelöst; dieses ist für den Massentransport in der ufernahen Zone des Seestrandes bis vor Glowe und unter Umständen in die Glowe-Bucht hinein verantwortlich. Dem entspricht, daß, wie Hupfer berichtet, nach allerdings unbewiesenen Aussagen von Fischern aus Vitte abgetriebene Gegenstände (Netze, Bojen u. dgl.) bei Glowe wieder angetrieben worden seien.

Die Geschwindigkeiten der Strömungen in der Tromper Wiek sind recht unterschiedlich und hängen primär von der Stärke und Andauer der Winde und sekundär von der Geschwindigkeit der Meeresströmungen in der offenen

Ostsee vor Nord-Rügen ab. HUPFER [34] ermittelte vor der Küste Strömungsgeschwindigkeiten zwischen 0,2 und 1,0 sm/h, was etwa 10,3—51,4 cm/s entspricht. SCHRADER [50], [51] fand vor dem Badestrand von Glowe und östlich des Königshörns bei östlichen Winden mittlere Strömungsgeschwindigkeiten um etwa 7—8 cm/s und bei westlichen Winden 11—12 cm/s. Als höchste absolute Strömungsgeschwindigkeit wurden von ihm in den Sommern 1967 und 1968 vor dem Seestrand der Schaabe bei Windstärken von 5 Bft 15—18,4 cm/s gemessen. Da mit HJULSTRÖM [32] übereinstimmend nach GRIESSEIER u. VOLLBRECHT [22] ein Transport von Fein- und Mittelsand erst bei Strömungsgeschwindigkeiten von 20—40 cm/s möglich ist, würde unter der Voraussetzung, daß die Strömungsgeschwindigkeiten mit den Windstärken linear zunehmen, nach SCHRADER [51] eine Windstärke von 10 Bft notwendig sein, um eine solche Strömung auszulösen. Das bedeutet, daß ein Massentransport durch Küsten- und Meeresströmungen vor dem Seestrand der Schaabe und in der Tromper Wiek erst bei sehr hohen Windstärken und entsprechend großen Strömungsgeschwindigkeiten vonstatten gehen kann, wie sie von HUPFER gemessen wurden. Da auch im Raum von Nord-Rügen Winde so großer Stärke nicht allzu häufig auftreten, erreichen die Strömungsgeschwindigkeiten in der Tromper Wiek nicht oft die für den Sandtransport notwendige Größe, so daß hier und besonders vor dem Seestrand nur selten mit einem umfangreichen Massentransport durch Strömungen gerechnet werden kann. Diese Aussage steht im Einklang mit der relativen Stabilität des Meeresbodens jenseits der Zone der Sandriffe.

Einen wesentlichen Anteil am Massenumsatz im System Sandriff—Strand vor und am Seestrand der Schaabe hat, wie auch SCHRADER [50], [51] betont, die brandende Welle. Der Seegang in der Tromper Wiek setzt sich aus zwei Komponenten zusammen: aus der vom Seegang auf der offenen Ostsee verursachten Dünung einerseits und den vom Winde über der See und der Tromper Wiek aufgeworfenen Wellen andererseits. Die Dünung ruft auch bei völliger Windstille in der ufernahen Zone und am Strand eine leichte Brandung hervor, die jedoch keine nennenswerte morphodynamische Wirkung ausübt. Maßgebend für die marin-litoralen Prozesse ist die Brandung der Windwellen. Ihre Höhe beträgt vor dem Seestrand der Schaabe bei höheren Windstärken zweifellos über 1 m. Am Badestrand von Glowe wurde beispielsweise im Januar 1962 bereits bei Seegang 3 aus NE eine Wellenhöhe von 1 m gemessen, was zur Bildung von Sandriffen vor dem Strand führte. Daß Seegang und Brandung der bestimmende Motor der marin-litoralen Prozesse sind, die den Strand gestalten, steht im Einklang mit der Tatsache, daß größere Massenbewegungen im Bereich der Sandriffe und des nassen Strandes nur begrenzt auftreten; lediglich in der Glowe-Bucht löst offensichtlich eine starke Küstenströmung um das Königshörn größere Massenbewegungen aus.

9.3. Windverhältnisse in der Tromper Wiek

Unter dem Aspekt,

- daß der Wellengang eine Funktion von Stärke, Häufigkeit und Andauer der Winde und ihrer Streichlänge über einer Wasserfläche ist,
- daß die Tromper Wiek wie auch der Seestrand der Schaabe nach NE (N bis E) exponiert und letzterer mehr als 10 km lang ist, so daß seine (süd-)östlichen Teile tangential auch von Westwind-Seegängen wirkungsvoll berührt werden, und
- daß allein ein stärkerer Seegang (2 m Wellenhöhe ab Windstärke 6 Bft) größere Veränderungen des Seestrandes verursacht,

wurden die Starkwinde (≧ 6 Bft) für den Beobachtungszeitraum (jeweils Juli bis Juni) aus den Täglichen Wetterberichten des MD der DDR entnommen und nach den drei Sektoren NW—W, SW—S—SE und E—NE—N geordnet (Tab. 19); dabei hat der südliche Sektor jedoch kaum Bedeutung für die Entwicklung eines für die Gestaltung des Seestrandes der Schaabe wirkungsvollen Seeganges. Im Jahresmittel wurden Windstärken ≧ 6 Bft an 203 Terminen (13,9%) beobachtet. An ihnen sind die drei Sektoren mit annähernd gleichen Anteilen (4,1—5,0%) beteiligt. NW- und NE-Winde nehmen 2/3 der Häufigkeit aller Starkwinde ein, wobei die des nordöstlichen Sektors mit 70 Terminen (4,8%) gegenüber dem nordwestlichen Sektor mit 60 (4,1%) im Mittel der Jahre etwas überwiegen. Für die Halbjahre Januar—Juni verändert sich das Verhältnis auf 6,1% nordöstliche zu 4,2% nordwestliche Starkwinde bei insgesamt 15,4% Starkwinden aller Beobachtungstermine (Tab. 19).

Die Schwankungen im Auftreten von Starkwinden zwischen 86 und 297 (5,9 und 20,5% aller 1450 Beobachtungstermine des Jahres) bzw. zwischen 50 und 176 (6,8 und 23,3% der 724 Termine im Halbjahr) waren recht erheblich. Als Jahre des höchsten Anteils der Starkwinde erwiesen sich 1957/58 und 1965/66; dabei war der nordöstliche Sektor mit 114 (7,8%) stärker beteiligt als der nordwestliche mit 82 Beobachtungsterminen (5,6%). Die geringste Starkwindtätigkeit (86 = 5,9%) trat im Jahre 1967/68 auf, in welchem zudem die nordöstlichen Starkwinde mit nur 13 (0,9%) gegenüber den nordwestlichen mit 49 (3,4%) außergewöhnlich zurücktraten.

Die genannten Schwankungen in der Starkwindtätigkeit lassen eine deutliche Periodizität erkennen mit Maxima in den Jahren 1957/58, 1961/62 und 1965/66 und Minima 1956/57, 1958/59—1960/61 und 1962/63—1964/65 sowie 1967/68 (Abb. 5). Bemerkenswert ist hierbei, daß die Jahre mit Starkwindmaxima im Beobachtungszeitraum isoliert auftraten, während die Minima von ähnlich starkwindarmen Jahren flankiert sind. Innerhalb des Jahres sind die Starkwinde recht unterschiedlich verteilt. Sie haben im Januar—Juni-Halbjahr und hier wiederum im März ihren höchsten Anteil. Grundsätzlich

TABELLE 19

Starkwinde ($\geqq$ 6 Bft) in der Tromper Wiek 1956/57—1967/68 (Anzahl und Prozent der vierterminigen Windbeobachtungen der Station Arkona, nach Expositionen des Seestrands geordnet) im Jahr (Juli—Juni, 1460 Beobachtungstermine) und Halbjahr (Januar—Juni, 724 Termine)

Jahr	Aus allen Richtungen		Aus NW—W		Aus SW—S bis SE		Aus E—NE bis N		Halbjahr	Aus allen Richtungen		Aus NW—W		Aus SW—S bis SE		Aus E—NE bis N	
	Zahl	%	Zahl	%	Zahl	%	Zahl	%		Zahl	%	Zahl	%	Zahl	%	Zahl	%
1956/57	227	15,6	78	5,3	84	5,8	65	4,5	1957	112	15,5	21	2,9	63	8,7	28	3,9
1957/58	297	20,3	103	7,0	117	8,0	77	5,3	1958	144	19,8	37	5,1	56	7,7	51	7,0
1958/59	170	11,7	59	4,0	65	4,5	56	3,8	1959	101	13,9	26	3,6	38	5,2	37	5,1
1959/60	173	11,9	43	2,9	53	3,6	77	5,3	1960	92	11,6	19	2,6	25	3,4	48	5,6
1960/61	171	11,7	57	3,9	59	4,0	55	3,8	1961	109	15,0	50	6,9	44	6,0	15	2,1
1961/62	268	17,0	67	4,6	116	7,9	85	5,7	1962	151	20,8	39	5,4	56	7,7	56	7,7
1962/63	167	11,4	22	1,5	60	4,1	85	5,7	1963	84	11,5	7	0,9	15	2,1	62	8,5
1963/64	166	10,7	18	1,2	67	4,6	81	5,5	1964	95	13,1	8	1,1	22	3,0	65	9,0
1964/65	170	11,7	29	2,0	69	4,7	72	4,9	1965	108	14,8	13	1,8	33	4,5	62	8,5
1965/66	297	20,3	82	5,6	101	6,9	114	7,8	1966	176	23,3	48	6,6	47	5,5	81	11,2
1966/67	231	15,8	111	7,6	59	4,0	61	4,2	1967	103	14,2	66	9,1	26	3,6	11	1,5
1967/68	86	5,9	44	3,4	24	1,6	13	0,9	1968	50	6,8	22	3,0	16	2,2	12	1,6
Mittel der Jahre	203	13,4	60	4,1	73	5,0	70	4,8	Mittel	111	15,4	30	4,2	37	5,1	44	6,1

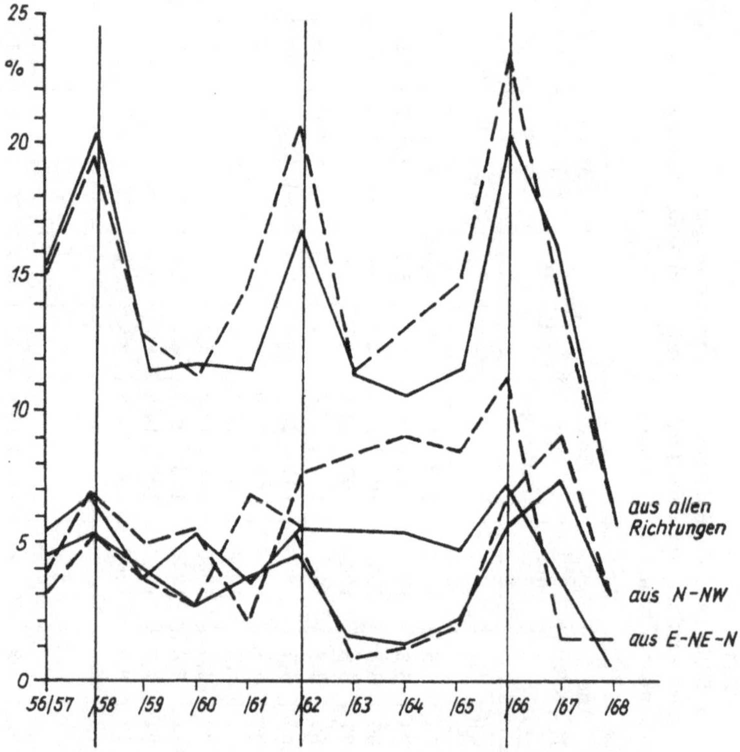

Abb. 5. Die Starkwinde ($\geqq$ 6 Bft) in der Tromper Wiek 1956/57—1967/68, Jahres- (———) und Halbjahreswerte (— — —) (nach Terminbeobachtungen der Station Arkona des MD der DDR)

bleiben auch die Halbjahr-Maxima einjährig, ebenso aber auch die Halbjahr-Minima 1959/60 und 1962/63. Daraus darf allgemein und besonders im Januar—Juni-Halbjahr auf eine stärkere Belastung des Seestrandes durch die Brandung geschlossen werden. Neben einem höheren Anteil an Starkwinden aus dem nordöstlichen Sektor im Halbjahr mit 6,1% gegenüber 4,8% im ganzen Jahr ist der recht hohe Anteil der Starkwinde aus diesen Richtungen in den starkwindärmeren Jahren, insbesondere zwischen den Maxima 1961/62 und 1965/66, zu beachten (Abb. 5).

10. Spezielle und allgemeine Ergebnisse

Die Untersuchungen am Seestrand der Schaabe ergaben eine Reihe von Erkenntnissen speziell-regionaler und allgemeingültiger Art. Sie lassen sich in folgenden Punkten zusammenfassen:

1. Die sedimentologischen Verhältnisse (Steinigkeit, Sandkörnung) und der geomorphologisch-landschaftliche Charakter des Strandes lassen zwischen Glowe und Juliusruh—Reidervitz eine regionale, naturräumliche Gliederung in sechs natürliche, ineinander übergehende Abschnitte erkennen. In diesem Sinne ist jeder Strand ein naturräumliches Gefüge in der Größenordnung von Topen und Nanochoren.
2. Die Breite des Seestrandes nimmt von den Enden zur Mitte hin zu und verändert sich von Jahr zu Jahr. Diese Veränderungen resultieren aus seeseitigen An- und Absandungen und aus Dünenabtrag sowie Aufwehung neuer Vordünen. Sie sind mit Änderungen des Sandvolumens verbunden.
3. Der Verlauf der Strandlinie zeigt eine Gliederung in sehr permanente, etwa 300 m breite Großbögen, oft zahlreiche Kleinbögen zwischen 80 und 100 m Breite sowie temporäre Strandhörner.
4. In einzelnen Jahren häufen sich am Strand große Mengen von Tang und Seegras zu organischen Strandwällen und -platten nach Art der „Schwemmblattfriedhöfe" (Thanatope).
5. Bei schwachen bis mäßigen Seegängen verlagert sich die Strandkante halbtägig in Metergröße, und die Auflaufbreite des Brandungsschwalles beträgt 1—13 m je nach der Schräge der Sogfläche und der Körnung des Sandes sowie der Stärke des Seeganges. Die Masse des bewegten Sandes stieg ab Seegangsstufe 3 sprunghaft an.
6. Auf Vorstrand und Schorre liegen flache Sandriffe, die in Massenaustausch mit dem Strand stehen, während ein solcher seewärts gering zu sein scheint.
7. Eine Sonderstellung nimmt die Glowe-Bucht ein. Sie zeigt seit der Errichtung des Steindammes am Königshörn eine Abflachung, als deren Folge der Strand vor Glowe ausgespült, steiniger und schmaler wird. In der Bucht verändert sich das Bodenrelief fortwährend; dem entsprechen Massenbewegungen, annuelle Versandungen und Ausräumungen.
8. Eine Korrelation der annuellen Veränderungen des Seestrandes mit den Wasserstandsschwankungen der Ostsee und den geringfügigen seicheartigen Schwankungen innerhalb der Tromper Wiek war nicht feststellbar.
9. Das bisherige Bild der Strömungen innerhalb der Tromper Wiek und damit vor dem Seestrand der Schaabe konnte revidiert werden. Es werden vier Strömungstypen unterschieden, von denen der westliche und der östliche bei ausreichenden Geschwindigkeiten für die Verfeinerung des Materials und den Sedimenttransport von den Enden zur Mitte des Seestrandes maßgebend sind.

10. Entscheidend für die sedimentologisch-morphologische Entwicklung des Seestrandes sind Seegang und Brandung im Bereich von Sandriff und Strand. Es sind Korrelationen zwischen Starkwindzahlen (annuellen Maxima und Minima) einerseits und einer Reihe von Fakten der Strandentwicklung andererseits feststellbar. So gewinnt der Seestrand in seiner Gesamtheit während starkwindarmer Jahre an Breite und verliert in der Regel in sturmreichen. Dem entsprechen positive Massenbilanzen und volle, hohe Strände in starkwindreichen und negative Sandbilanzen mit hohlen, flachen Stränden in starkwindarmen Jahren. In starkwindreichen Jahren wandert die Strandlinie landwärts, in starkwindarmen seewärts. Minder deutliche Korrelationen bestehen zwischen Starkwindhäufigkeiten und Entwicklung des Dünenfußes, wohl in Zusammenhang mit der Bildung neuer Vordünen und der Dünenzerstörung sowie technischen Maßnahmen.

Der Seestrand der Schaabe ist ein Beispiel eines natürlichen Strandes mit damals relativ geringen künstlichen Eingriffen in das Naturgeschehen; nur in der Glowe-Bucht hatte die Errichtung des Steindammes unmittelbare Folgen. Damit dürfte diesen Darlegungen sowohl eine regionale als auch eine allgemeine und methodische Bedeutung zukommen.

Um die Aufbereitung der Beobachtungsergebnisse machten sich Dipl.-Geogrn. NEUMEYER und Kartographin WANDREY verdient. Unterstützung gewährte auch der Seehydrographische Dienst der DDR. Ein Auftrag der Wasserwirtschaftsdirektion Küste in Stralsund ermöglichte Strömungsmessungen im Küstenbereich von Glowe. Die Forschungsarbeiten genossen darüber hinaus wertvolle Unterstützung durch die Mitglieder der Fischerei-Produktionsgenossenschaft „Ernst Thälmann" in Glowe, insbesondere durch Fischmeister BERNSCHEIN, durch den Rat der Gemeinde Glowe, durch die Dünenmeisterei Rügen und das damalige Küstenschutzamt des Bezirks Rostock in Warnemünde. Ihnen allen sei auch an dieser Stelle für ihr Interesse und ihre tätige Unterstützung herzlich gedankt.

Literatur

[1] BENCARD, J., u. K. BRAUCKHOFF, Das Sturmhochwasser vom 11. und 12. Januar 1968 an der Ostseeküste der DDR. Bericht über den Verlauf, die Schäden und ihre Ursachen sowie die Schadenbeseitigung. Z. Geol. **18** (1967), 608—624.

[2] BRAUCKHOFF, K., Trockendichte und Verdichtungsgrad natürlich abgelagerter und künstlich aufgebrachter Strand- und Dünensande. Wasserwirtsch. — Wassertechnik **19** (1969), 198—199.

[3] BRAUCKHOFF, K., Der morphologische Schorreaufbau der Flachuferküste Ostrügens und seine Gesetzmäßigkeiten. Acta hydrophys. **15** (1970/71), 93—103.

[4] BRAUCKHOFF, K., u. H. GRIESSEIER, Sandtransportuntersuchungen mit lumineszenten Sanden im Küstengebiet der Halbinsel Zingst. Acta hydrophys. **11** (1966/67), 137—169.

[5] BÜLOW, K. v., Allgemeine Küstendynamik und Küstenschutz an der südlichen Ostsee zwischen Trave und Swine. Z. Geol., Beih. **10** (1954).

[6] GELLERT, J. F., Strandhörner bei Duhnen-Cuxhaven. Senckenbergiana **19** (1937), 7—12.

[7] GELLERT, J. F., Beobachtungen über Strandhörner bei Vitte auf Hiddensee und am Bug auf Rügen. Senckenbergiana lethaea **38** (1957), 261—265.

[8] GELLERT, J. F., Grundzüge der physischen Geographie von Deutschland, I: Geologische Struktur und Oberflächengestaltung, 3.2: Die deutsche Ostseeküste, Berlin 1958.

[9] GELLERT, J. F., Küstenstudien auf Hiddensee — Der Strand. Z. Päd. Hochsch. Potsdam, Math.-nat. R. **4** (1959), 207—227.

[10] GELLERT, J. F., Küstenstudien auf Hiddensee — Geologische Struktur und Oberflächengestalt des Dornbusch und seines Steilufers. Wiss. Z. Päd. Hochsch. Potsdam, Math.-nat. R. **5** (1960), 129—156.

[11] GELLERT, J. F., Steilufer, Seesandwiesen und Dünen am Fischland bei Ahrenshoop und an den Rehbergen (Vordarß). Wiss. Z. Päd. Hochsch. Potsdam, Math.-nat. R. **6** (1960), 1—12.

[12] GELLERT, J. F., Der Strand, die Dünen und die Seesandwiesen der Schaabe. In: Glowe und Umgebung (Nordost-Rügen) — Physisch-geographischer Exkursionsführer, hrsg. v. J. F. GELLERT, Potsdam 1965.

[13] GELLERT, J. F., Rhythmische Erscheinungen am Seestrand der Schaabe auf Rügen. Baltica **3** (1967), 171—182.

[14] GELLERT, J. F., Zur Vereinheitlichung und Präzisierung einiger Grundbegriffe der Küstenkunde. Wasserwirtsch. — Wassertechnik **23** (1973), 58—61.

[15] GELLERT, J. F., Weitere Beobachtungen zur Natur der Steilufer an der DDR-Ostseeküste, insbesondere auf der Nordseite von Rügen, und Bemerkungen für den Küstenschutz. Wiss. Z. Ernst-Moritz-Arndt-Univ. Greifswald, Math.-nat. R. **27** (1978), 29—31.

[16] GELLERT, J. F., Begriff und Wesen des Strandes als geomorphologische und landschaftliche Erscheinung. Wiss. Z. Päd. Hochsch. Karl Liebknecht Potsdam **27** (1983), 443—449.

[17] GELLERT, J. F., Die Korngemische der oberflächennahen Strandsedimente des Seestrandes der Schaabe (Nord-Rügen). Z. geol. Wiss. (im Druck).

[18] GELLERT, J. F., Organische Strandwälle und Strandplatten (Thanatope) auf dem Seestrand der Schaabe (Nord-Rügen) als aktualgeologische Erscheinung Z. geol. Wiss. (im Druck).

[19] GELLERT, J. F., u. E. HEYER, Erholungsgebiet Schaabe — Strandverhältnisse. Büro f. Territorialplanung Rostock, Mskr. Potsdam 1969.

[20] GOMOLKA, A., Untersuchungen über die Küstenverhältnisse und die Küstendynamik des Greifswalder Boddens. Diss. A, Ernst-Moritz-Arndt-Univ. Greifswald 1971 (Mskr.).

[21] GRIESSEIER, H., u. H. REINECKE, Zum 10jährigen Jubiläum des Küstenausschusses der DDR. Acta hydrophys. **9** (1964/65), 125—149.

[22] GRIESSEIER, H., u. E. VOLLBRECHT, Untersuchungs- und Beobachtungsergebnisse über einige Gesetzmäßigkeiten im litoralen Geschehen. Acta hydrophys. **2** (1954), 85—139.

[23] GÜRTLER u. WERSCHOWITZ, Die Steilküste der Halbinsel Wittow von Juliusruh bis zur Jaromarsburg/Arkona. Staatsexamensarbeit, Päd. Hochsch. Potsdam 1966 (Mskr.).

[24] GURWELL, B. R., Submarine Morphologie und ihre Entwicklung im Bereich von Kühlungsborn. Z. geol. Wiss. **9** (1981), 111—120.

[25] GURWELL, B. R., Kornparameter und Gefüge in Schorresedimenten Südostrügens. Petermanns geogr. Mitt. **125** (1981), 97—102.

[26] GURWELL, B. R., Küstenveränderungen und Küstenschutz, dargestellt am Beispiel des Abschnittes Dranske/Rügen. Petermanns geogr. Mitt. **127** (1983), 15—24.

[27] GURWELL, B. R., Beitrag zur uferparallelen Variation sedimentpetrographischer Merkmale. Z. geol. Wiss. **11** (1983), 59—76.

[28] GURWELL, B. R., WEISS, D., u. E. ZIELISCH, Beitrag zur Charakterisierung von physiographischen Einheiten und Bilanzsystemen an Ostsee-Küstenstrecken der DDR. Z. geol. Wiss. **10** (1982), 1347—1355.

[29] GUSEN, R., Der lithologische Bau der Schorre von Neu Reddevitz (Greifswalder Bodden). Z. geol. Wiss. **11** (1983), 193—208.

[30] HEIN, A., Die Veränderungen 1966—1968 an Strand und Düne der Schaabe sowie in der Glowe-Bucht. Staatsexamensarbeit, Päd. Hochsch. Potsdam 1969 (Mskr.).

[31] HEYER, E., Das Klima Rügens — Die hydrologischen Verhältnisse im Gebiet von Glowe. In: Glowe und Umgebung (Nordost-Rügen), Phys.-geogr. Exkursionsführer, hrsg. v. J. F. GELLERT, Potsdam 1965, 11—29.

[32] HJULSTRÖM, F., Studies on the Morphological Activity of Rivers as Illustrated by the River Fyris. Bull. Geol. Inst. Univ. Upsala **25** (1935), 221 to 527.

[33] HÖRENZ u. KOHRT, Morphologisch-topographische und geologisch-petrographische Aufnahme der Dünen längs der Schneise C durch die Schaabe/Rügen. Staatsexamensarbeit, Päd. Hochsch. Potsdam 1969 (Mskr.).

[34] HUPFER, P., Die hydrologischen Untersuchungen im Seegebiet der Tromper Wiek und nördlich Rügens im Sommer 1956. Mskr., Bibliothek d. Seehydrogr. Dienstes d. DDR, Rostock 1956.

[35] HUPFER, P., Die Ostsee — Kleines Meer mit großen Problemen, Leipzig 1978.

[36] JOBS, M., u. R. GÜNTHER, Sedimentologische und morphologische Untersuchungen am Strand der Schaabe zwischen Glowe und Juliusruh. Staatsexamensarbeit, Päd. Hochsch. Potsdam 1967 (Mskr.).

[37] KANNENBERG, E. G., Die Steilufer der Schleswig-Holsteinischen Ostseeküste — Probleme der marinen und klimatischen Abtragung. Schr. Geogr. Inst. Univ. Kiel **14** (1951) 1.

[38] Kolp, O., Untersuchungen der Wirksamkeit von Seebuhnen mit Hilfe von Farbsandversuchen. Beitr. Meereskd. 17/18 (1966).

[39] Kolp, O., Farbsandversuche mit lumineszenten Sanden in Buhnenfeldern. Petermanns geogr. Mitt. **114** (1970), 81—102.

[40] Louis, H., Allgemeine Geomorphologie. In: Lehrbuch der Allgemeinen Geographie, 1.—4. Aufl. (mit K. Fischer), Berlin 1959—1979.

[41] Ludwig, G., Die Beziehungen zwischen Fazies litoraler Sedimente der Ostsee und der Stabilität des Küstenbereiches. Z. Geol. **6** (1957), 640—663.

[42] Ludwig, G., Beitrag zur Frage des Gleichgewichtes im System Düne-Strand-Vorstrand an der Ostseeküste. Geol. Rdsch. **47** (1958), 66—71.

[43] Niedermeyer, R. O., Hydro- und Lithodynamik an flachen Sandstränden der DDR-Ostseeküsten. In: Grundprobleme der Geologie, Exkursionsführer zur 24. Jahrestagung der Gesellschaft für geologische Wissenschaften der DDR (Greifswald 1977), Berlin 1977, 40—43.

[44] Niedermeyer, R. O., Vorschlag zur Bearbeitung der primären Sedimentgefüge von Stechproben rezenter Strandablagerungen. Z. geol. Wiss. **7** (1979), 261—267.

[45] Niedermeyer, R. O., Untersuchungen zur Struktur und Textur rezenter Strandsedimente im Gebiet SO-Rügens (Halbinsel Mönchgut). Z. geol. Wiss. **8** (1980), 669—696.

[46] Plewe, E., Küste und Meeresboden der Tromper Wiek (Insel Rügen). Geol. d. Meere u. Binnengew. **4** (1940).

[47] Reinhard, H., Kliffranddünen und Brandungshöhlen der Insel Hiddensee. Wiss. Z. Ernst-Moritz-Arndt-Univ. Greifswald, Math.-nat. R. **4** (1954).

[48] Reinhard, H., Küstenveränderungen und Küstenschutz der Insel Hiddensee, Berlin 1956.

[49] Saegebarth, J., Strandwälle, Haken und Nehrungen im Süden der Insel Poel. Wiss. Z. Univ. Rostock, Math.-nat. R. **15** (1966), 905—922.

[50] Schrader, F., Strömungsverhältnisse in der Glower Bucht (Tromper Wiek). Diplomarbeit, Päd. Hochsch. Potsdam 1969 (Mskr.).

[51] Schrader, F., Strömungsverhältnisse in der Glowe-Bucht (Tromper Wiek). Wiss. Z. Päd. Hochsch. Karl Liebknecht Potsdam, Math.-nat. R. **21** (1977), 455—461.

[52] Schülke, H., Organische Strandwälle und Nehrungen in korsischen Rias. Erdkunde **21** (1967), 1—12.

[53] Schülke, H., Über das Verhalten korsischer Schwemmblattbänke im Winter. Z. Geomorphol. **12** (1968), 77—97.

[54] Schülke, H., Die biologische und geomorphologische Bedeutung von „Seegrasfriedhöfen". Das Leben **5** (1968), 138—142.

[55] Schülke, H., Morphologie comparative de quelques types de cimetières littéraux de plantes marines (Corse, Senégal, Bretagne, Madagascar). Rev. Géomorphol. dyn. **23** (1974), 49—92.

[56] Schütze, H., Die Haken und Nehrungen der Außenküste von Rügen. Beih. 1 z. 49.—50. Jahrb. d. Pomm. Geogr. Ges. 1931—32, Greifswald 1931.

[57] VALENTIN, H., Die Küsten der Erde — Beiträge zur allgemeinen und regionalen Küstenmorphologie. Petermanns geogr. Mitt., Erg.-H. **246** (1952).

[58] VOLLBRECHT, K., Aufbau, Veränderlichkeit und Auflösung von Sandriffen. Z. Geol. **6** (1957), 753—796.

[59] WASMUND, E., Biocoenose und Thanatocoenose — Biosoziologische Studie über Lebensgemeinschaften und Totengesellschaften. Arch. Hydrobiol. **17** (1926), 1—116.

[60] WEISE, A., u. H. BLÄSNER, Geologisch-morphologische Untersuchungen am Kliff Glowe-Nardewitz (Jasmund). Staatsexamensarbeit, Päd. Hochsch. Potsdam 1962 (Mskr.).

[61] WIENING, J., Strandkante, Wellenauflauf sowie Ansandung und Abtrag am Strand der Schaabe bei hm 13 (Wiss. Station Glowe) und hm 36. Staatsexamensarbeit, Päd. Hochsch. Potsdam 1968 (Mskr.).

[62] WILSEN, G., Veränderungen der Tiefenverhältnisse in der Glowebucht. Staatsexamensarbeit, Päd. Hochsch. Potsdam 1967 (Mskr.).

[63] ZEPERT, G., Untersuchungen über die Strandbreiten der Schaabe. Staatsexamensarbeit, Päd. Hochsch. Potsdam 1967 (Mskr.).

Acta Hydrophysica, Berlin	Bd. XXIX	H. 2/3	(1985)	S. 153–163

Experimentelle Untersuchung der horizontalen Heterogenität des Windfeldes in der Küstenzone und Probleme ihrer theoretischen Beschreibung

Von O. A. Kuznecov und A. Raabe[1])

Zusammenfassung: Es wird die Heterogenität des Windfeldes in der ufernahen Zone untersucht. Die Variabilität der aus Windprofilmessungen bestimmten turbulenten Parameter wird diskutiert, und Probleme der physikalischen Interpretation werden dargestellt.

Summary: The horizontal inhomogeneity of the wind field in the near-shore zone is demonstrated. The variability of turbulent parameters of the wind profile is discussed and problems of their physical interpretation are evidenced.

Резюме: Исследуются горизонтальные неоднородности полей ветра в прибрежной зоне. Дискутируются изменение динамических параметров профиля ветра и проблемы физической интерпретации.

1. Einleitung

Die Erhaltung der Natur in der Küstenzone, sinnvoller Ausbau der Kurorte, rationelle Nutzung der Naturreichtümer und die Entwicklung von marinen Kulturen – das alles bedarf einer eingehenden Untersuchung des umfangreichen Komplexes von verschiedenartigsten hydrophysikalischen, lithodynamischen, biologischen und anderen Prozessen, die in der Kontaktzone von Land und Meer vor sich gehen.

Die turbulente Grenzschicht der unteren Atmosphäre über dem Meer unterscheidet sich von der über dem Festland, da bei der Beschreibung der Dynamik der Turbulenz und demzufolge in allen Transportprozessen dem Seegang eine bedeutende Rolle zufällt. Das schließt die Möglichkeit aus, die Ergebnisse der Theorie von turbulenten Grenzschichten über unbeweglichen Oberflächen (Land) direkt zur Beschreibung der Prozesse, die bei der Wechselwirkung zwischen Meer und Atmosphäre ablaufen, zu verwenden.

[1]) Dr. sc. Oleg A. Kuznecov, Akademija Nauk SSSR, Inst. Okeanologii „P. P. Širšov", 117218 Moskva, Ul. Krasikova 23; Dr. rer. nat. Armin Raabe, Karl-Marx-Universität Leipzig, Sektion Physik, Wissenschaftsbereich Geophysik, DDR-7010 Leipzig, Talstraße 35.

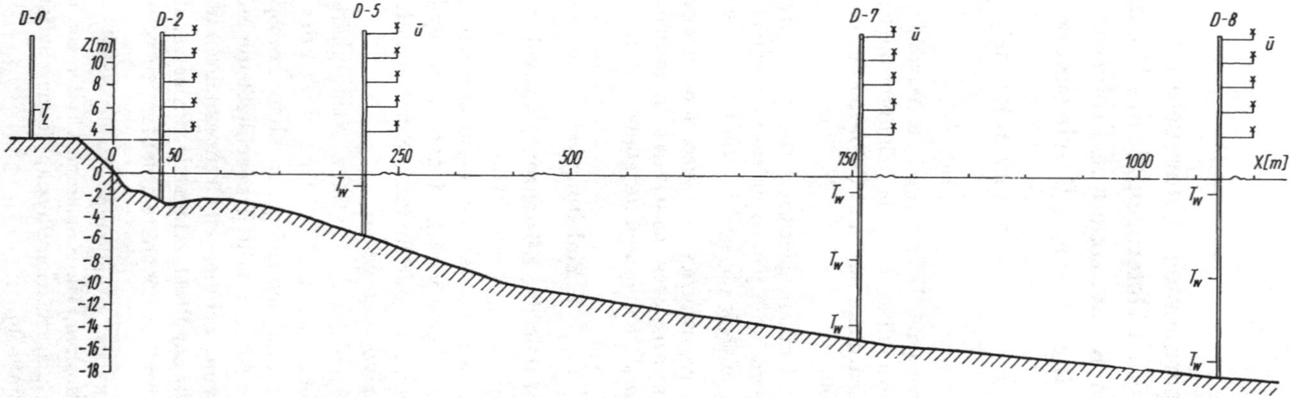

Abb. 1. Schmatische Darstellung des Meßfeldes „Kamčija-79“; u Windgeschwindigkeitsprofil, T_W Meßpunkte für Wassertemperatur, T_L Meßpunkt für Lufttemperatur

Im Grenzbereich Meer—Festland werden die Wechselwirkungen zwischen Meer und Atmosphäre noch komplizierter. Die Folge ist eine starke horizontale Heterogenität von hydrophysikalischen Feldern. Anhand einiger experimenteller Ergebnisse soll das Ausmaß der horizontalen Heterogenität des Windgeschwindigkeitsfeldes demonstriert werden. Diese Fragen waren Untersuchungsgegenstand im Rahmen des internationalen RGW-Küstenexperimentes „Kamčija-79“ in der VR Bulgarien am Schwarzen Meer. Abb. 1 veranschaulicht die Meßbedingungen im Untersuchungsgebiet. Es sind u. a. die zur Analyse verwendeten Meßpunkte für die Windgeschwindigkeit dargestellt.

2. Zur Analyse des Windprofils

Der Impulsaustausch (τ_0) zwischen der Atmosphäre und dem Meer zeigt in der ufernahen Zone bei auflandigem und ablandigem Wind sehr starke Unterschiede. Für Verhältnisse, in denen thermische Einflüsse eine untergeordnete Rolle spielen, wird der Impulsaustausch τ_0 zwischen Atmosphäre und Unterlage über einen logarithmischen Zusammenhang aus der Schubspannungsgeschwindigkeit u_* und der Höhe z bestimmt:

$$u(z) = (u_*/k) \ln (z/z_0) \quad \text{mit} \quad \tau_0 = \varrho u_*^2 \; ; \tag{1}$$

hier bezeichnen u die Windgeschwindigkeit, $k = 0{,}4$ die v.-KÁRMÁN-Konstante, ϱ die Luftdichte und z_0 den Rauhigkeitsparameter (s. Abschnitt 4).

In Abb. 2 ist die Schubspannungsgeschwindigkeit u_* in Abhängigkeit von der Windgeschwindigkeit u_{10} (d. h., die Meßhöhe für die Windgeschwindigkeit beträgt 10 m) für vier Uferentfernungen (entsprechend Abb. 1) für ablandigen bzw. auflandigen Wind dargestellt. Der Punkt D-2 befindet sich in der Brandungszone. Komplizierte Verhältnisse der Meeresoberfläche bedingen eine unsystematische Abhängigkeit der Schubspannungsgeschwindigkeit von der Windgeschwindigkeit (gestrichelte Darstellung). Aus Abb. 2 und Tab. 1 ist ersichtlich, daß die Werte der Schubspannungsgeschwindigkeiten im Fall gleicher Windgeschwindigkeiten bei ablandigem Wind größer sind als bei auflandigem. Dieser Unterschied nimmt mit Erhöhung der Windgeschwindigkeit zu und wird mit wachsender Entfernung von der Küste immer geringer; bei einem Uferabstand von 750 m (D-7) ist er schon sehr klein. Hier liegt die Schlußfolgerung nahe, daß der Einfluß des Landes (über die Windrichtung) auf die turbulenten Charakteristiken der dicht über dem Wasser gelegenen Luftschicht bis zu einem Uferabstand von etwa einem Kilometer nachweisbar ist, wenn die Verhältnisse einer Niederungsküste mit relativ flacher, sandigkrautiger Oberfläche vorherrschen. Das bedeutet jedoch nicht, daß der Zusammenhang derselbe ist wie der auf der offenen See. Die Beschaffenheit der Meeresoberfläche wirkt sich immer aus, besonders bei großen Windge-

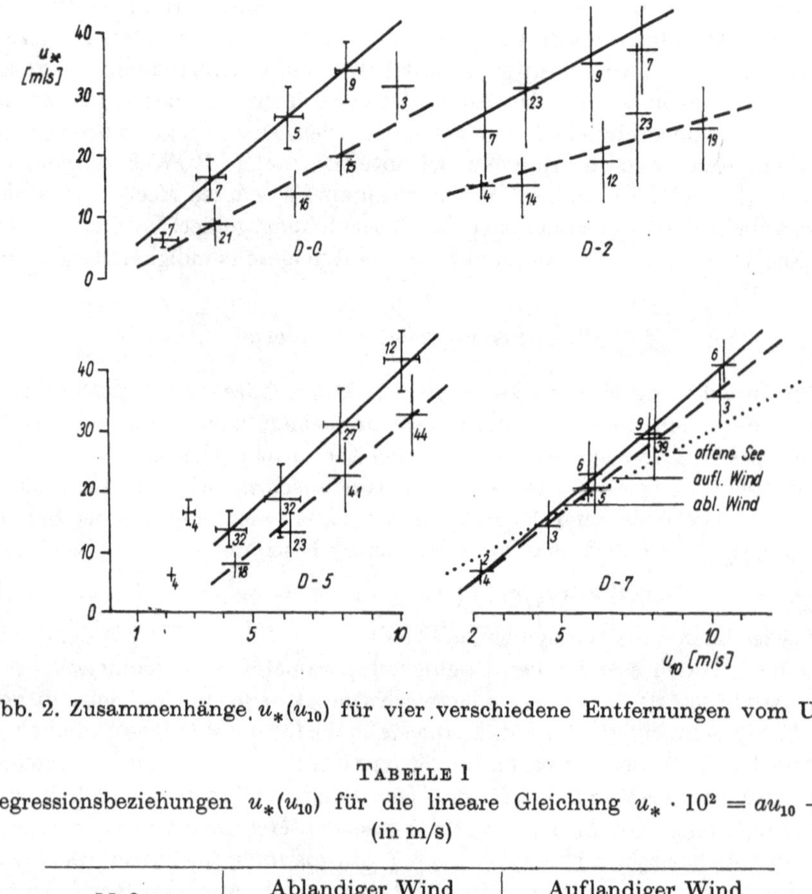

Abb. 2. Zusammenhänge $u_*(u_{10})$ für vier verschiedene Entfernungen vom Ufer

TABELLE 1
Regressionsbeziehungen $u_*(u_{10})$ für die lineare Gleichung $u_* \cdot 10^2 = au_{10} + b$ (in m/s)

Meßort	Ablandiger Wind		Auflandiger Wind	
	a	b	a	b
D-0	3,98	0,96	2,65	— 1,51
D-2	2,69	20,19	1,59	10,94
D-5	4,46	— 5,04	4,09	—10,00
D-7	4,22	— 5,22	3,82	— 3,81
offene See	—	—	2,67	3,15

schwindigkeiten. Eine Beziehung $u_*(u_{10})$ für das offene Meer ist in Abb. 2 in der Darstellung für den Punkt D-7 mit eingezeichnet (vgl. Kuznecov [6]).

In diesem Zusammenhang spielt die Herausbildung einer internen Grenzschicht im Windfeld der atmosphärischen Bodenschicht bei ablandigem Wind unmittelbar über der Wasseroberfläche eine Rolle. Die turbulenten Parameter des an die Rauhigkeitsbedingungen des Landes angepaßten Luftstroms ändern sich nach Übertritt über die Küstenlinie nicht plötzlich, sondern mit wachsendem Uferabstand gleicht sich die Atmosphäre immer besser an die Rauhigkeit der Meeresoberfläche an. Die in Küstennähe gemessenen Windprofile müssen dann demnach in zwei Teile zerlegt werden, den unteren (die „interne Grenzschicht"), der sich an die neue Unterlage angepaßt hat (mit einem charakteristischen Wert τ_{02}), und einen darüberliegenden Profilteil (τ_{01}), der noch die Rauhigkeitsbedingungen der vorangegangenen Unterlage repräsentiert. Die Höhe der internen Grenzschicht ist für das Meßgebiet von Kamčija untersucht worden (s. RAABE u. HUPFER [8]).

Die komplizierten Verhältnisse des Impulsaustausches bei ablandigem Wind sind in Abb. 3 für den Meßpunkt D-5 demonstriert. Die Änderung des Verhältnisses τ_{02}/τ_{01} in Abhängigkeit von der Windgeschwindigkeit u_{10} ist die Folge der Herausbildung einer internen Grenzschicht über See und der veränderlichen Wechselwirkung des Luftstroms mit der beweglichen Unterlage, so daß sich auch in diesem Bild die Entwicklung des Seeganges niederschlägt. Theoretische Vorstellungen erfassen zur Zeit diese Zusammenhänge zwischen mehreren Parametern noch nicht (s. RAABE [7]).

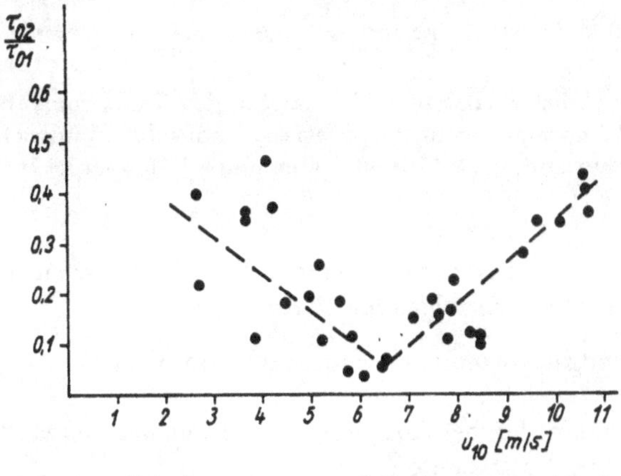

Abb. 3. Änderung des Schubspannungsverhältnisses $\tau_{02}(z_2)/\tau_{01}(z_1)$ $(z_2 < z_1)$ am Meßpunkt D-5 in Abhängigkeit von der Windgeschwindigkeit u_{10} im Fall ablandigen Windes; $\bar{x} = 240$ m

3. Zur Änderung der turbulenten Charakteristiken des Luftstroms bei plötzlicher Veränderung der Windrichtung

Das komplizierte Bild der Wechselwirkung von Meer und Atmosphäre in Küstennähe kann anhand einiger langsam und stationär von Land- in See-

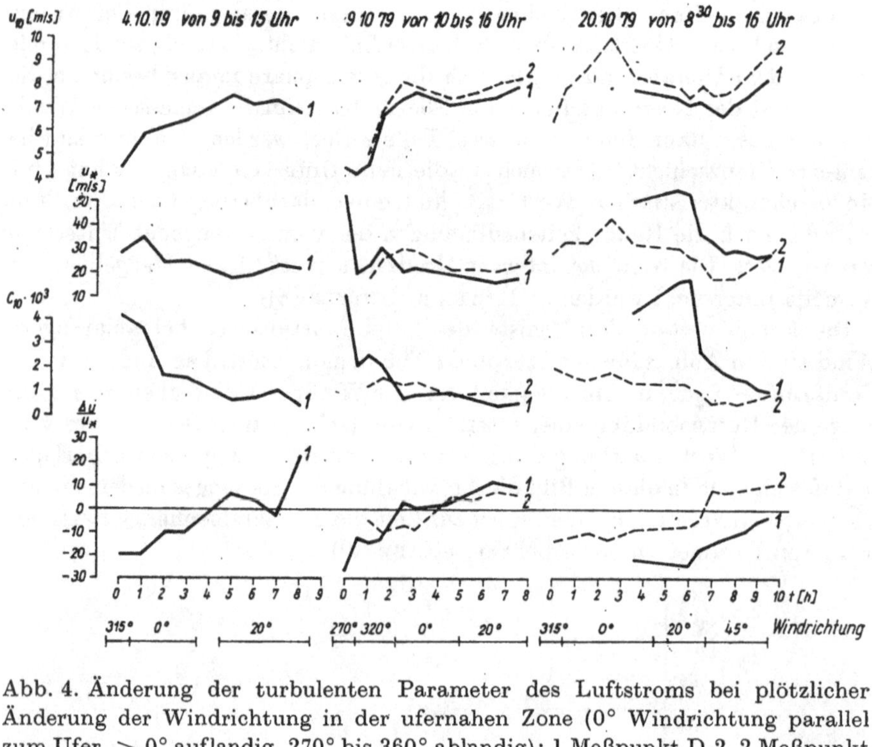

Abb. 4. Änderung der turbulenten Parameter des Luftstroms bei plötzlicher Änderung der Windrichtung in der ufernahen Zone (0° Windrichtung parallel zum Ufer, > 0° auflandig, 270° bis 360° ablandig); 1 Meßpunkt D-2, 2 Meßpunkt D-5.

wind umschlagender Situationen veranschaulicht werden (Abb. 4). Die Analyse erfolgte nach den folgenden Parametern:

— mittlere Windgeschwindigkeit innerhalb von 30 Minuten in 10 m Meßhöhe, u_{10},
— aus den Windprofilen bestimmte Schubspannungsgeschwindigkeit u_*,
— Schubspannungskoeffizienten

$$C_{10} = u_* / u_{10}^2 \qquad (2)$$

— und Verschiebung der Windgeschwindigkeit Δu gegenüber dem Profil über einer aerodynamisch glatten Oberfläche:

$$(\Delta u / u_* = -(1/k) \ln (z_0 u_* / \nu) - c \qquad (3)$$

mit ν als kinematischer Zähigkeit der Luft (0,16 cm²/s) und c ($\sim$ 5,5) als empirischer Konstante.

In diesem Fall ist Δu die betreffende Differenz zwischen der gemessenen Windgeschwindigkeit und der Geschwindigkeit, die in derselben Höhe über einer aerodynamisch glatten Oberfläche angetroffen wird. Dabei wird angenommen, daß die u_*-Werte einander gleich sind.

Der Parameter $\Delta u/u_*$ bezeichnet die Abschätzungsrate der Oberflächenrauhigkeit. Aus der Definition folgt, daß der Wert $\Delta u/u_* = 0$ einer aerodynamisch glatten Oberfläche entspricht, wobei die negativen Werte eine rauhe und die positiven eine „superglatte" Oberfläche beschreiben. Die „Superglätte" stellt einen Grenzfall dar, der für den Luftstrom über einer beweglichen Oberfläche, deren Eigenschaften in vielem durch den Luftstrom selbst bedingt werden, bezeichnend ist. Bei der „Superglätte" bewegt sich die Luft auf einer bestimmten Höhe über der Unterlage schneller als über einer nur glatten Oberfläche. Viele Wissenschaftler sind mit dieser Erscheinung experimentell vertraut, bis jetzt aber besteht keine eindeutige Erklärung ihrer physikalischen Natur. Benilov u. a. [1] sind der Auffassung, dieser Effekt sei eine Folge der Wechselwirkung des Luftstroms mit den Wellen und entstehe in dem Fall, wenn bei abnehmendem Wind und voll ausgebildetem Seegang die Grenzschicht der Atmosphäre durch die Wellen einen zusätzlichen Impuls erhält (s. a. Csanady [3]).

Aus Abb. 4 ist zu entnehmen, daß die Schubspannungsgeschwindigkeit und der Schubspannungskoeffizient C_{10} entgegen den üblichen Vorstellungen bei Anwachsen der Windgeschwindigkeit abnehmen. Gleichzeitig verwandelt sich der Luftstrom aus einem rauhen bei ablandigem Wind in einen glatten bei dessen Übertritt über die Küstenlinie und wird zu einem „superglatten" bei auflandigem Wind. Dieses Bild wurde bei Wind bis zu 8 m/s beobachtet. Es bestand keine Möglichkeit, zu überprüfen, ob die „Superglätte" auch bei stärkerem Wind einzutreten vermag.

Wie ferner aus Abb. 4 ersichtlich, geht die Umwandlung der hydrodynamischen Eigenschaften des Luftstroms langsam vor sich, ohne dem sprunghaften Umschlagen des Windes folgen zu können. Das kann eine Ursache für die Streuung der Zusammenhänge in Abb. 2 sein, denn in die Kategorie des See- und des Landwindes können Meßergebnisse mit sehr unterschiedlichem Adaptionsgrad gelangen. Da ein häufiges Umschlagen des Windes für die Küstenzone bezeichnend ist, muß man an die Analyse von beliebigen Daten mit gewisser Vorsicht herangehen. So müssen die empirischen Gleichungen für die Abhängigkeiten in Abb. 2 noch weiter präzisiert werden.

4. Zur aerodynamischen Rauhigkeit der Meeresoberfälche

Von besonderem Interesse dürfte die Untersuchung der aerodynamischen Rauhigkeit z_0 der Meeresoberfläche sein, eines Parameters also, dessen physikalischer Sinn unter den Verhältnissen der Luftbewegung über der beweglichen Oberfläche des Meeres zahlreiche Diskussionen hervorrief, weil die klassische Formulierung dieses Fachbegriffes und die reale Wirklichkeit nicht übereinstimmten. (Als Rauhigkeit einer festen, unebenen Oberfläche wird die Streuung der Höhe der Unebenheiten um ihren mittleren Wert verstanden.) Definitionsgemäß folgt nach den Gl. (1) und (2)

$$z_0 = 10e^{-(ku_{10}/u_*)} \qquad (z \text{ in m})\,, \tag{4}$$

bezogen auf eine Windmeßhöhe von $z = 10$ m.

Es konnte experimentell festgestellt werden, daß der Rauhigkeitsparameter z_0 bei einem Luftstrom über eine feste Oberfläche von dessen Geschwindigkeit praktisch nicht abhängt, sondern allein durch die Geometrie der Oberfläche bestimmt wird, und zwar durch Form, Höhe und Verteilungsdichte der Unebenheiten (Rauhigkeitselemente) (vgl. Wooding u. a. [9]). Die Größe z_0 wird mittels Extrapolation des logarithmischen Profils der Geschwindigkeit auf den Nullwert gefunden und entspricht somit einer Luftschichtdicke, in der der Mittelwert der Geschwindigkeit gleich Null ist. Wenn der Luftstrom sich über eine Wasseroberfläche bewegt, gibt es praktisch keine Schicht, in der die mittlere Geschwindigkeit gleich Null ist, weil die obere Wasserschicht mitgezogen wird. Außerdem werden in dieser Schicht, wo Luftstrom und Wellen miteinander in aktiver Wechselwirkung stehen, bedeutende Abweichungen von der logarithmischen Verteilung der Geschwindigkeit beobachtet. Die Folge ist, daß der Rauhigkeitsparameter z_0 von zwei Faktoren auf komplizierte Weise abhängt, und zwar von der Windgeschwindigkeit und dem Zustand der Meeresoberfläche, die durch den Wind ständig transformiert wird. Die Frage, wie sich der logarithmische Teil des Windprofils über der Wasseroberfläche verhält, wenn der typische Wert von z_0 fehlt, und wodurch der große Bereich, in welchem sich die z_0-Größe sogar in kurzen Zeitabständen ändert, bestimmt wird, bleibt nach wie vor offen.

Um den Mechanismus dieser Erscheinung zu demonstrieren, wurden Messungen des momentanen Windprofils vorgenommen, wobei der Mittelwert der Geschwindigkeit je Minute mit einem Zeitabstand von einer Minute gebildet wurde. Diese Zeitspanne zur Mittelwertbildung wurde gewählt, um den Mechanismus der Veränderlichkeit der Profilparameter auf der Grundlage des bestehenden mikrometeorologischen Maximums in den Spektren der Windgeschwindigkeit und des turbulenten Impulsaustausches strukturmäßig zu erfassen. In der Übersicht von Kolesnikova u. Monin [5] sind kennzeichnende Perioden mit 60 s für die Geschwindigkeit und 40 s für den Impulsstrom angeführt (s. a. v. d. Hoven [4]). Byšev u. Kuznecov [2] wiesen in den Spektren der Windgeschwindigkeit über dem Meer die Spitze der spektralen Dichte bei einer Periode von etwa 50 s nach.

Tabelle 2
Charakteristische Werte für das momentane Windprofil (Meßdauer jeweils 1 min)

	Nr. des Profils						
	1	2	3	4	5	6	7
u_{10} [m/s]	7,5	**9,3**	8,1	8,1	8,4	8,6	8,3
u_* [cm/s]	10	17	22	22	24	19	26
z_0 [cm]	*3,4* $\cdot 10^{-13}$	$2{,}3 \cdot 10^{-9}$	$3{,}2 \cdot 10^{-6}$	$3{,}9 \cdot 10^{-6}$	$5{,}7 \cdot 10^{-6}$	$6{,}4 \cdot 10^{-8}$	$2{,}4 \cdot 10^{-5}$
	8	9	10	11	12	13	14
u_{10} [m/s]	8,0	*6,5*	7,6	6,9	7,0	8,2	8,4
u_* [cm/s]	30	15	20	11	23	**32**	22
z_0 [cm]	$2{,}0 \cdot 10^{-4}$	$1{,}4 \cdot 10^{-7}$	$1{,}9 \cdot 10^{-6}$	$4{,}6 \cdot 10^{-11}$	$5{,}8 \cdot 10^{-5}$	**3,3** $\cdot 10^{-4}$	$2{,}1 \cdot 10^{-6}$

Mittelwerte: $u_{10} = 7{,}9$ m/s, $u_* = 20$ cm/s, $z_0 = 1{,}4 \cdot 10^{-6}$ cm; kursiv: Minimum, halbfett: Maximum

Die Analyse der Messungen zeigt, daß die Profile sogar bei so kleiner Zeitspanne der Mittelwertbildung (eine Minute) den logarithmischen nahe liegen, jedoch sind große Änderungen sowohl von u_* als auch von C_{10} zu beobachten. Das zeigt die halbstündige Auswahl von Parametern aufeinanderfolgender Windprofile (Tab. 2). Eine einfache statistische Analyse zeigt, daß der umfangreiche Bereich der z_0-Änderungen (von $3{,}4 \cdot 10^{-13}$ bis $3{,}3 \cdot 10^{-4}$ cm im Beispiel der Tab. 2) mit der Änderung der Schubspannungsgeschwindigkeit u_* enger verbunden ist, wenn auch die Minutenwerte der Windgeschwindigkeit eine große kurzperiodische Schwankungsbreite aufweisen.

Aus Tab. 3 ist ersichtlich, daß die Abhängigkeit der Parameter untereinander mit wachsender Entfernung von der Küste zunimmt, während ihre zeitliche Variabilität zurückgeht. Die Korrelation zwischen den Werten der Windgeschwindigkeit auf den Masten D-5 und D-8 ist sogar für momentane Werte genügend hoch, obwohl die Schubspannungsgeschwindigkeiten als Maß für den Impulsaustausch selbst für die Mittelwerte nur schwach voneinander abhängen. Das scheint eine Folge der großen Unterschiede im Zustand der Meeresoberfläche zu sein, welche durch den Eintritt der Oberflächenwellen ins Seichtwasser bedingt werden.

Tabelle 3

Korrelationskoeffizienten r und Streuungen $\tilde{\sigma}$ der Meßergebnisse für das momentane Windprofil. Mittelzeit: 1 min: Meßdauer: 480 min; Zahl der Profile: 240

Meßpunkt	r_{z_0, u_*}	$r_{z_0, u_{10}}$	$\tilde{\sigma}_{u_{10}}$	$\tilde{\sigma}_{u_*}$	$\tilde{\sigma}_{z_0}$
D-5	0,47	0,20	0,13	0,47	1,61
D-8	0,81	0,48	0,12	0,29	0,61

$$\tilde{\sigma}_x = \frac{\sqrt{(1/n)\,(x - \bar{x})^2}}{\bar{x}}$$

$$\left.\begin{array}{l} r_{n_{10}(D-5),\ u_{10}(D-8)} = 0{,}66 \\ r_{u_*(D-5),\ u_*(D-8)} = 0{,}20 \end{array}\right\} \text{momentanes Windprofil}$$

$$\left.\begin{array}{l} r_{u_{10}(D-5),\ u_{10}(D-8)} = 0{,}95 \\ r_{u_*(D-5),\ u_*(D-8)} = 0{,}46 \end{array}\right\} \text{mittleres Windprofil für 30 Minuten}$$

5. Schlußbemerkungen

Untersuchungen zur Dynamik des Windfeldes in der ufernahen Zone sind wichtiger Bestandteil der internationalen Küstenexperimente in Kamčija (VR Bulgarien, Schwarzes Meer). Anhand von Meßergebnissen des Experimentes „Kamičja-79" wird das Ausmaß der Heterogenität des Windfeldes zwischen Land und See untersucht, und die Korrelationen der aus den Windprofilmessungen bestimmten Parameter werden dargestellt. Unter Berücksichtigung der Windrichtung in der ufernahen Zone zeigen die Meßergebnisse, daß selbst 1000 m vor der Küste nicht die turbulenten Charakteristiken einer Luftströmung über dem offenen Meer erreicht werden.

Es zeigt sich, daß noch immer Probleme in der Theorie der Wechselwirkung von Meer und Atmosphäre bestehen und sich experimentelle Ergebnisse, besonders solche, die in unmittelbarer Küstennähe gefunden werden, der theoretischen Beschreibung noch weitgehend entziehen.

Literatur

[1] Benilov, A. Ju., Gumbatov, A. I., Saslavskij, M. M., u. S. A. Kitajgorodskij, Ob interpretacii izmerenij srednej skorosti vetra v privodnom sloe atmosfery. Izv. Akad. Nauk SSSR, Fiz. Atmosf. i Ok. **12** (1976), No. 10.

[2] Byšev, V. I., u. O. A. Kuznecov, Strukturnye charakteristiki atmosfernoj turbulentnosti v privodnom sloe nad otkrytem okeanom. Izv. Akad. Nauk SSSR, Fiz. Atmosf. i Ok. **5** (1969), No. 6.

[3] Csanady, G. T., The "Roughness" of the Sea Surface in Light winds. J. geophys. Res. **79** (1974), No. 18.

[4] Hoven, I. v. d., Powerspectrum of Horizontal Windspeed in the Frequency Range from 0.0007 to 900 Cycles per Hour. J. Meteor. **14** (1975), 160—164.

[5] Kolesnikova, V. N., u. A. S. Monin, O spektrach kolebanij meteorologičeskich polej. Izv. Akad. Nauk SSSR, Fiz. Atmosf. i Ok. **1** (1965), No. 7.

[6] Kuznecov, O. A., Rezul'taty ėksperimental'nogo issledovanija vozdušnogo potoka nad poverchnostju morja. Izv. Akad. Nauk SSSR, Fiz. Atmosf. i Ok. **6** (1970), No. 8.

[7] Raabe, A., Zur Wechselwirkung von Meer und Atmosphäre in Küstennähe unter Berücksichtigung der internen Grenzschicht im Windfeld der atmosphärischen Bodenschicht. AdW d. DDR, Nat.-Kom. Geod. u. Geophysik (Potsdam). IV **38** (1983).

[8] Raabe, A., u. P. Hupfer, Povedenie koėfficienta soprotivlenija morskoj poverchnosti v pribrežnoj zone. In: Vzaimodejstvie atmosfery, gidrosfery, litosfery v pribrežnoj zone morja. Rezul'taty meždunarodnogo ėksperimenta "Kamčija 77", Bulg. Akad. Wiss., Sofia 1980, 39—49.

[9] Wooding, R. A., Bradley, E. F., u. J. K. Marshall, Drag Due to Regular Arrays of Roughness Elements of Varying Geometry. Boundary Layer Meteor. **5** (1973), 285—308.

Acta Hydrophysica, Berlin	Bd. XXIX	H. 2/3	(1985)	S. 165—210

Aufbau und Funktion einer frei fallenden Sonde zur Untersuchung der Mikrostruktur der thermohalinen Schichtung im Meer

Von H. PRANDKE, S. KRÜGER und W. ROEDER[1])

Zusammenfassung: Die hier beschriebene Mikrostruktursonde MSS wurde als spezielles Meßgerät zur Untersuchung der Mikrostruktur der thermohalinen Sprungschichten in der Ostsee entwickelt. Sie dient der Registrierung der Temperatur und der elektrischen Leitfähigkeit in ausgewählten Tiefenbereichen bis zu 100 m. Die mittlere Sinkgeschwindigkeit der frei fallenden Sonde beträgt 0,5 m/s. Zur Tiefenbestimmung wird ein Echolot verwendet. Eine seitliche Verdriftung der Sonde wird durch ein Paar straff gespannter Führungsseile verhindert. — Der Temperatursensor besteht aus einem Mantelthermoelement als Meßfühler und einer zweistufigen Verstärkerschaltung. Der Meßbereich ist variierbar und beträgt maximal 0 bis 30 °C. Als Meßfühler für die elektrische Leitfähigkeit wird ein 4-Elektroden-System mit Konstantstromeinspeisung verwendet. Die nachgeschaltete mehrstufige Elektronik sichert eine präzise und störfreie Aufbereitung der Meßspannung. Der maximale Meßbereich des Leitfähigkeitssensors beträgt 5 bis 60 mS/cm. Beide Sensoren haben eine Ansprechzeit von 40 ms. Die Meßwertübertragung von der Sonde zur Bordeinheit erfolgt stromproportional über ein 5adriges Tragekabel, das während des Sinkvorganges der Sonde frei nachgeführt wird. — In der Bordeinheit werden die in den beiden Kanälen anstehenden Meßspannungen mit einer Auflösung von 12 bit digitalisiert und dem Kleinsteuerrechner KSR 4100 zur Abspeicherung übergeben. Diese Spannungsauflösung ermöglicht in Abhängigkeit vom eingestellten Meßbereich eine Temperaturauflösung von weniger als 8,5 mK und eine Meßwertauflösung der elektrischen Leitfähigkeit von ca. 5 bis 10 µS/cm, wenn der eingestellte Meßbereich keinen größeren Leitfähigkeitsbereich als 15 mS/cm umfaßt. Der zeitliche Abstand der Abtastungen kann zwischen 2 ms und 1 s variiert werden. Damit sind bei der mittleren Sinkgeschwindigkeit der Sonde von 0,5 m/s vertikale Meßwertauflösungen von maximal 1 mm möglich. Nach Beendigung einer Sondierung werden die im Rechner gespeicherten Meßspannungen in Absolutwerte der

[1]) Dr. rer. nat. HARTMUT PRANDKE, Dipl.-Ing. SIEGFRIED KRÜGER und Dipl.-Ing. WOLFGANG ROEDER, Akademie der Wissenschaften der DDR, Institut für Meereskunde, DDR-2530 Rostock-Warnemünde, Seestraße 15.

Temperatur und der elektrischen Leitfähigkeit umgerechnet und auf Magnetbandkassette ausgegeben. — Die bei dem Meßsystem möglichen Fehlerquellen und ihre Auswirkungen auf die Größe der Fehler bei der Gradientenbestimmung werden untersucht. Der Gesamtfehler liegt unter 10%. Ein Algorithmus zur dynamischen Korrektur der Meßwerte sowie die Wirkung dieser Korrektur auf verschiedene Schichtungsstrukturen werden diskutiert.

Summary: The microstructure probe MSS was developed as a special instrument for the investigation of the thermohaline pycnoclines in the Baltic Sea. It enables measuring the temperature and electrical conductivity in selected depth ranges of about ten meters. The maximum depth of operation is 100 m. The drop velocity of the free falling probe is about 0.5 m/s. An echosounder is used for the depth control. In order to prevent horizontal drift the probe is vertically guided by a pair of nylon strings. — A miniature steel rod thermocouple is used as sensitive element of the temperature sensor. The maximum measuring range of this sensor is 0 to 30 °C. The conductivity sensor is constructed with a miniature 4-electrode system. Its maximum measuring range is 5 to 60 mS/cm. The two sensors exhibit an equal time response of 40 ms. The transmission of the informations from the probe to the board unit is realized by a proportional direct current. — In the board unit the measuring voltages are digitized with a resolution of 12 bit. This resolution corresponds to a temperature resolution smaller than 8.5 mK (in dependence on the actual measuring range) and a conductivity resolution of about 5 to 10 μS/cm if the actual measuring range includes a conductivity range not greater than 15 mS/cm. The sampling rate is variable from 500 to 1 samples per second. This enables vertical resolutions up to 1 mm. During the measuring process (drop of the probe) the data are stored in the memory of the integrated computer. After that the computer calculates absolute values of temperature and electrical conductivity, which are finally stored on magnetic tape cassettes. — The possible sources of errors of the measuring system are investigated. The error of the calculated gradients is smaller than 10%. A procedure of correction of the dynamical response and its effects on different structure elements of stratification are discussed.

Резюме: Описанный в статье микроструктурный зонд МСС был разработан в качестве специального прибора для измерения микроструктуры термогалиновых пикноклинов Балтики. Служит регистрации температуры и электропроводимости на подобранных горизонтах глубиной до 100 м. Средняя скорость погружения свободно падающего зонда составляет 0,5 м/сек. Для определения глубины применяют эхолот. Пара туго натяженных направляющих тросов не допускает бокового дрифта зонда. — Термочувствительный элемент состоит из кожухного термоэлемента в качестве датчика и двухступенчатой усилительной цепи. Диапазон измерений вариабельный и составляет максимально 0—30 °С. В качестве датчика электропроводимости применяется 4-электродная система, питающаяся константным током. Последующая многоступенчатая электронная цепь обеспечивает точную и свободную от помех обработку напряжения измерения. Максимальный диапазон измерения чувствительного элемента для проводимости: от 5 по 60 мСм/см. Время ответа двух чувствительный элементов составляет 40 мсек. Передача измеренных величин от зонда к бортовому прибору осуществляется пропорциональным току способом через 5-ижильный несущий кабель, вытравливаемый без механического напряжения во время процесса погружения зонда. — В бортовом приборе приходящие из указанных двух каналов измерительные напряжения подвергаются оцифровыванию точностью 12 бит до их передачи в память микровычислительной машины управления типа КСР 4100. Данная точность разрешения напряжения позволяет в зависимости от установленного диапазона измерения точность разрешения величин температуры менее 8,5 мК и точность разрешения измеренных данных элетропроводимости порядка 5—10 μ См/см, если установленный диапазон измерения проводимости не выходит за пределы 15 мСм/см. Интервалы измерения могут устанавливатся от 2 мсек до 1 сек. Таким образом, при средней скорости погружения зонда порядка 0,5 м/сек, возможны разрешения вертикально измеряемых величин не более 1 мм. По окончании измерений, находящиеся в памяти ЭВМ измерительные напряжения пересчитываются в абсолютные величины температуры и электропроводимости с выходом на магнитной касете. — В статье изложены возможные в измерительной системе источники погрешностей и их влияние на величину погрешностей при определении градиента. Общая погрешность ниже 10%. Обсуждается также алгоритм динамической корректировки данных измерений и воздействие данный корректировки на разные структуры слоистости.

1. Einleitung

Seit den 40er Jahren ist bekannt, daß der Grob- und Feinstruktur der Wasserschichtung noch eine Mikrostruktur im Dezimeter- bis Millimeterbereich überlagert ist, die ihre Ursachen in dynamischen Vorgängen im Wasserkörper hat. Die Untersuchung der Mikrostruktur ist von großem Interesse für viele Teilgebiete der Ozeanologie. Sie ist von grundlegender Bedeutung für das Verständnis der im Meer ablaufenden Vermischungs- und Schichtungsvorgänge. Dabei sind Untersuchungen sowohl der Eigenschaften der Mikrostruktur als auch der Ursachen ihrer Entstehung notwendig. Von besonderer Bedeutung ist die Kenntnis der Mikrostruktur für die Erforschung der Energiedissipation im Meer, speziell für die Untersuchung des turbulenten Energie- und Stofftransportes durch interne Grenzschichten, für die Untersuchung vertikaler Ausbreitung oberflächennaher Beimengungen im Meer sowie für die Bestimmung der Schallausbreitungsverhältnisse in geschichteten und ungeschichteten Wasserkörpern.

Erste Untersuchungen der Fein- und Mikrostruktur der thermischen Dichteschichtung sind aus den Jahren 1943/44 bekannt, die dazu dienen sollten, die Schallausbreitungsverhältnisse in der Ostsee genauer zu erforschen. Über die Ergebnisse dieser Untersuchungen, die mit sehr einfachen Mitteln durchgeführt wurden (ungeschützte Thermoelemente und Spiegelgalvanometer mit Photoregistrierung), berichtet Kalle 1953 [12]. Ebenfalls mit einfachen Thermoelementen wurden Mikrostrukturuntersuchungen von Urick u. Searfoss 1948 [26] vor der Küste von Florida durchgeführt. Weitere frühe Untersuchungen der Mikrostruktur sind von Liebermann 1951 [14] und Frassetto 1960 [6] bekannt.

Ende der 60er Jahre setzte international eine intensive Erforschung der Mikrostruktur des Ozeans und seiner Randmeere ein. Dazu wurden eine Reihe spezieller Mikrostruktursonden entwickelt und eingesetzt, die die Temperatur, die elektrische Leitfähigkeit und die Stromscherung bzw. nur einen oder zwei dieser Parameter messen. Diese Sonden unterscheiden sich von den schiffsgebundenen STD-Sonden (z.B. OM 75 des Instituts für Meereskunde) dadurch, daß sie von den Rollbewegungen des Schiffes entkoppelt im Wasser frei sinken und eine hohe räumliche Meßwertauflösung ermöglichen. Die aus der internationalen Literatur bekannten Mikrostruktursonden, wie sie u. a. von Woods 1969 [29], Gregg u. Cox 1971 [8], Denner u. a. 1971 [3], Simpson 1972 [24], Caldwell u. a. 1975 [1] und Osborn 1978 [19] beschrieben wurden, erreichen Vertikalauflösungen der Temperatur von 1 mm, der elektrischen Leitfähigkeit von ca. 10 mm und der Stromscherung von ca. 5 mm. Die mittlere Sinkgeschwindigkeit liegt bei einigen Dezimetern pro Sekunde. Die Meßwertregistrierung erfolgt auf geeigneten Datenträgern entweder direkt in der Sonde oder an Bord des Forschungsschiffes. Im letzteren Fall werden die Meßwerte über feine Drähte übertragen, die die Sinkbewegung der Sonde nicht beeinflussen. Diese für den offenen Ozean konzipierten Geräte haben Einsatztiefen von einigen zehn bis über tausend Meter.

Ausgehend von Aufgabenstellungen zur Untersuchung der thermohalinen Schichtung in der Ostsee, bei besonderer Berücksichtigung der starken Dichtesprungschichten, bestand die Notwendigkeit, ein spezielles Meßgerät zur Registrierung der Mikrostruktur der Temperatur und der elektrischen Leitfähigkeit in Tiefenintervallen von begrenzter Mächtigkeit (ca. 10 m Dicke) bis zu Wassertiefen von 100 m zu entwickeln. Aus der gemessenen Temperatur und der elektrischen Leitfähigkeit lassen sich alle weiteren Parameter, die für den Aufbau der Wasserschichtung von Bedeutung sind, wie die Dichte und der Salzgehalt des Meereswassers, berechnen.

Entsprechend den zu lösenden Meßaufgaben mußten bei der Entwicklung dieses Meßgerätes einige besondere, von den für den ozeanischen Einsatz gefertigten Mikrostruktursonden teilweise abweichende Forderungen zugrunde gelegt werden:

1. Die von den Rollbewegungen des Schiffes entkoppelte mittlere Sinkgeschwindigkeit der Meßsonde muß etwa 0,5 m/s betragen. Diese mittlere Geschwindigkeit ist gegenüber Vertikalkomponenten der Geschwindigkeit, die durch kurzperiodische interne Wellen bedingt sind, hinreichend groß, um die dadurch während einer Sondierung auftretenden Abweichungen von der mittleren Sinkgeschwindigkeit vernachlässigbar klein zu halten.
2. Sowohl der Temperatur- als auch der Leitfähigkeitssensor müssen eine hohe vertikale Meßwertauflösung aufweisen. Aus verschiedenen Mikrostrukturuntersuchungen, u. a. von Woods [28] und Gregg [7], ist bekannt, daß die kleinsten Schichtungsstrukturen in Sprungschichtbereichen vertikale Ausdehnungen von 1 bis 2 cm aufweisen. Um derartige Strukturen möglichst unverfälscht zu registrieren, müssen die Meßfühler der beiden Sensoren geometrische Abmessungen haben, die eine vertikale Meßwertauflösung in der Größenordnung Millimeter ermöglichen.
3. Zur Vermeidung von Aliasingfehlern (Vortäuschung niederfrequenter Schwingungen durch zu großen Abstand bei der Abtastung einer Meßreihe) muß das Abtasttheorem in der Form $SW \leqq \lambda/2$ erfüllt sein (SW ist die Schrittweite bei der Abtastung, λ die Wellenlänge der kleinsten auftretenden Schichtungsstrukturen). Um bei der mittleren Sinkgeschwindigkeit der Sonde von 0,5 m/s eine Abtastschrittweite von 2 mm zu erreichen, die bei $\lambda \approx 10$ mm eine sichere Einhaltung des Abtasttheorems garantiert, dürfen bei Anwendung einer dynamischen Korrektur die Ansprechzeiten der beiden Sensoren nicht größer als 40 ms sein.
4. Das dynamische Antwortverhalten der beiden Sensoren muß möglichst identisch sein, um Fehler bei der Berechnung des Salzgehaltes, der Dichte und anderer Parameter aus der gemessenen Temperatur und der elektrischen Leitfähigkeit zu vermeiden. Bei den großen Gradienten von Temperatur und elektrischer Leitfähigkeit und den nicht genau bekannten Variationen der dynamischen Bedingungen (Stromscherung) in den untersuchten Sprungschichten ist eine rechnerische Korrektur zum Ausgleich unterschiedlichen dynamischen Antwortverhaltens des Temperatur- und des Leitfähigkeitssensors wenig erfolgversprechend.
5. Die Meßfühler der Sensoren müssen so an der Sonde angeordnet sein, daß sie die zu untersuchende Schichtungsstruktur erfassen, bevor diese durch die Sonde selbst deformiert wird, und daß die Kohärenz zwischen den Meßreihen der Temperatur und der elektrischen Leitfähigkeit gewährleistet ist.

6. Wegen der relativ starken Temperatur- und Leitfähigkeitsänderungen in den Sprungschichtbereichen der Ostsee müssen an die Meßwertauflösung der Sensoren nicht so hohe Anforderungen gestellt werden wie bei Sensoren für den ozeanischen Einsatz. Meßwertauflösungen von 0,01 K für die Temperatur und 0,01 mS/cm für die elektrische Leitfähigkeit sind ausreichend für die Bearbeitung der vorgesehenen Aufgabenstellung. Da bei der Untersuchung der Struktur der Sprungschichten die Gradienten der gemessenen und berechneten Parameter von primärem Interesse sind, ist die Absolutgenauigkeit der Meßwerte unkritisch. Absolutgenauigkeiten der Temperatur von $\pm 0{,}5$ K und der elektrischen Leitfähigkeit von $\pm 0{,}5$ mS/cm genügen den Anforderungen.
7. Die Meßfühler der Sensoren, die der empfindlichste Teil der Sonde sind, müssen hinreichend robust sein, um Routinemeßbetrieb auch bei ungünstigen Umweltbedingungen zu gewährleisten.

Diesen Forderungen entsprechend wurde die frei sinkende, vertikal geführte Mikrostruktursonde MSS entwickelt. Dabei wurde eine einfache und zuverlässig arbeitende Meßsonde angestrebt sowie eine weitestgehende Mitnutzung vorhandener meßtechnischer Anlagen, um den Gesamtaufwand zum Aufbau des Meßsystems möglichst niedrig zu halten.

2. Gesamtaufbau und Meßablauf

Die Mikrostruktursonde MSS besteht aus der Meßsonde (Unterwassereinheit), der Bordeinheit und einem speziellen Ausleger für die Sonde. Zur Komplettierung des Meßsystems werden ein Echolot und der in der Ozeanologischen Meßkette OM 75 integrierte Kleinsteuerrechner KSR 4100 einschließlich seiner peripheren Geräte bzw. ein Digitalvoltmeter/Meßwertdrucker-System benötigt. Das Blockschaltbild der Gesamtmeßanlage ist in Abb. 1 dargestellt.

Die Unterwassereinheit, bestehend aus Meßspitzen, druckwasserdichtem Gehäuse und Bremsschirm, bewegt sich während einer Sondierung frei fallend mit annähernd konstanter Sinkgeschwindigkeit, praktisch unbeeinflußt von den Rollbewegungen des Schiffes, nach unten. Die Tiefenregistrierung erfolgt mit dem Echolot, dessen Schwinger sich möglichst genau über der Sonde befinden muß. Diese Art der Tiefenmessung bei Mikrostruktursonden wird hier erstmalig angewendet. Sie hat gegenüber dem Einsatz von Drucksensoren den Vorteil, daß sie praktisch ohne eigenen Entwicklungsaufwand zu realisieren ist, besonders im Deckschichtbereich bis ca. 100 m Tiefe mit großer Genauigkeit arbeitet und eine ständige Kontrolle der

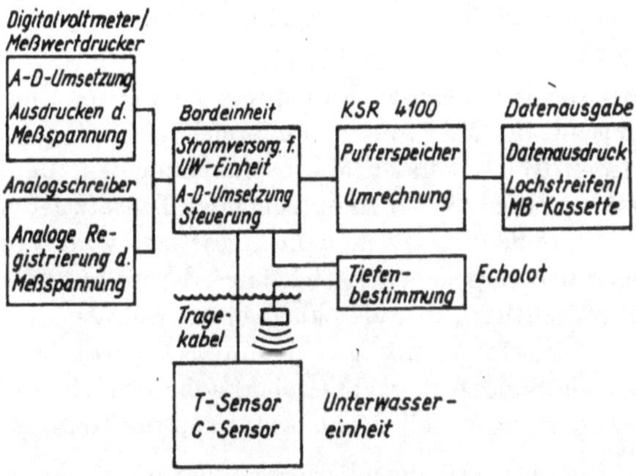

Abb. 1. Blockschaltbild der Mikrostruktursonde MSS einschließlich der peripheren Geräte

Sonde während des Sinkvorganges ermöglicht. Nachteilig ist die Verringerung der Genauigkeit der Tiefenanzeige bei starken Rollbewegungen des Schiffes.

In der Unterwassereinheit befinden sich ein Sensor zur Messung der Temperatur und einer zur Messung der elektrischen Leitfähigkeit. Die Meßfühler, ein Mantelthermoelement und ein 4-Elektroden-System, werden von je einer Meßspitze getragen. Die von beiden Sensoren gelieferten Meßspannungen werden über das Tragekabel stromproportional zur Bordeinheit übertragen. Durch die stromproportionale Meßwertübertragung von der Sonde zur Bordeinheit wird erreicht, daß temperaturbedingte Widerstandsänderungen im Tragekabel und veränderte Übergangswiderstände bei den Steckverbindungen nicht zu Verfälschungen der Meßwerte führen. In der Bordeinheit werden die an regelbaren Lastwiderständen abfallenden Meßspannungen digitalisiert und dem Kleinsteuerrechner KSR 4100 übergeben. Hier werden die während einer Sondierung eingehenden digitalisierten Meßspannungen abgespeichert, nach Beendigung der Sondierung in Absolutwerte der Temperatur und der elektrischen Leitfähigkeit umgerechnet und auf Magnetbandkassette ausgegeben.

Ist der Anschluß an den KSR 4100 nicht möglich, z.B. wenn ein fester Tiefenbereich in geringen zeitlichen Abständen wiederholt sondiert werden soll, so kann die Meßwertregistrierung auch mit Digitalvoltmeter und Meßwertdrucker erfolgen. In diesem Fall wird die vertikale Meßwertauflösung von der Arbeitsgeschwindigkeit des Systems Digitalvoltmeter/Meßwertdrucker bestimmt. Unabhängig von der Art der digitalen Registrierung ist parallel eine analoge Meßwertregistrierung auf einem geeigneten 2-Kanal-Schreiber möglich.

Auf Grund der speziellen Einsatzbedingungen in der Ostsee muß der Ablauf einer Sondierung mit der MSS in einer anderen Weise erfolgen als bei den im Ozean eingesetzten frei sinkenden Mikrostruktursonden. Bei diesen Sonden beginnt der Sinkvorgang, der bei entsprechenden Einsatztiefen über Stunden andauern kann, unmittelbar nach dem Aussetzen vom Forschungsschiff. Nach Erreichen einer vorgegebenen Sinktiefe oder einer vorgegebenen Sinkzeit wird automatisch bzw. mittels akustischem Releaser der Auftauchvorgang ausgelöst. Dies erfolgt im allgemeinen durch Abwerfen von Ballastgewichten. Haben die Sonden die Wasseroberfläche erreicht, schaltet sich ein Radiosender ein, der ein Anpeilen und Auffinden des Gerätes ermöglicht.

Dieser Ablauf von Vertikalsondierungen, der einen hohen technischen Aufwand erfordert, ist für die MSS wegen der geringen Wassertiefen in der Ostsee und der speziellen Aufgabenstellung, der Untersuchung von thermohalinen Sprungschichten, nicht geeignet. Da sich die zu untersuchenden Sprungschichten meist nur einige zehn Meter unter der Wasseroberfläche befinden, kann eine aus diesen geringen Tiefen unkontrolliert auftreibende Sonde leicht mit dem Schiff kollidieren und beschädigt werden. Hinzu kommen der zeitliche Aufwand und die Gefährdung des Meßgerätes beim Aufnehmen durch das Schiff. Für die MSS wurde daher eine einfache Auslegetechnik entwickelt, die einen den besonderen Einsatzbedingungen angepaßten Meßablauf der Sondierungen ermöglicht und eine sichere Handhabung der Sonde gewährleistet.

Der Aufbau des dazu benötigten speziellen Auslegers für die MSS ist aus der Skizze in Abb. 2 ersichtlich. Auf den beiden Seiltrommeln, die auf einer gemeinsamen Achse fest montiert sind, befinden sich je 100 m Dederonsehne als Führungsseil, die durch zwei Lotgewichte von je 75 N Gewicht straff gespannt sind. Der Abstand der beiden Führungsseile zueinander beträgt 80 cm. Die Lotgewichte werden entsprechend der vorgesehenen Arbeitstiefe soweit gefiert, daß sie keine Störungen der zu untersuchenden Schichtungsstrukturen erzeugen. Zwischen den beiden Führungsseilen ist die Unterwassereinheit mit 4 Führungsstreben eingehängt. Dadurch wird gesichert, daß sie sich während des Sinkvorganges nicht durch horizontale Abdrift aus dem Schallkegel des Echolotes bewegt und nicht durch Pendelbewegungen, wie sie von Osborn [19] diskutiert werden, Meßwertverfälschungen entstehen. Mit der mechanischen Kabelklemme kann die Sonde in jeder gewünschten Tiefe oberhalb der Lotgewichte am Tragekabel gehalten werden. Die gleiche Funktion erfüllt die elektromagnetische Kabelklemme, die durch Fernbedienung gelöst werden kann.

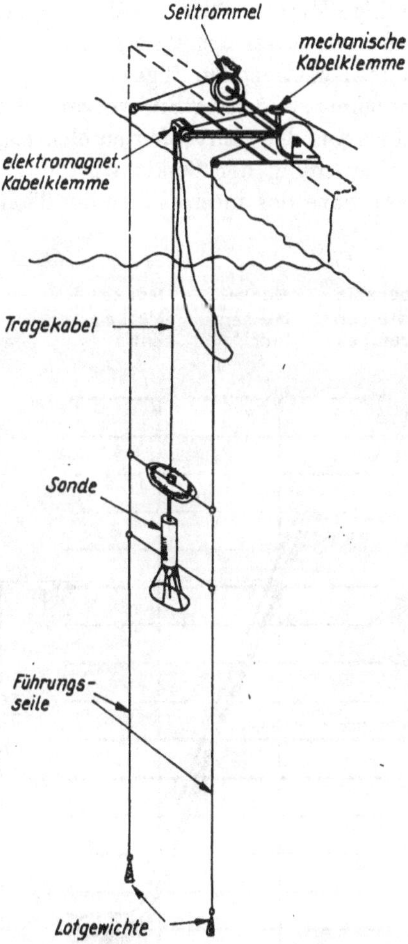

Abb. 2. Ausleger und Meßsonde der MSS. Die Sonde ist vorbereitet für eine Sondierung. Dazu wird sie am Tragekabel von der elektromagnetischen Kabelklemme oberhalb des zu untersuchenden Tiefenbereiches gehalten. Die Länge der frei hängenden Tragekabelschlaufe entspricht der Länge des Sinkweges der Sonde.

Zur Vorbereitung einer Messung wird die Sonde etwas oberhalb des zu sondierenden Tiefenbereiches mittels der elektromagnetischen Kabelklemme gehalten. Entsprechend der vorgesehenen Endtiefe des Sinkvorganges wird das Tragekabel dann mit der mechanischen Kabelklemme fixiert. Die Länge der frei hängenden Kabelschlaufe entspricht dabei der Länge des Sinkweges der Sonde, der einige Meter größer gewählt werden muß als die Dicke des zu untersuchenden Tiefenbereiches, da die Sonde auf den letzten Metern des Sinkweges wegen des zunehmenden Zuges am Tragekabel nicht mehr mit konstanter Geschwindigkeit sinkt. Der Sinkvorgang der Sonde beginnt mit der Freigabe des Kabels aus der fernbedienten elektromagnetischen Kabelklemme. Die Vertikalbewegung der Sonde wird mit dem Echolot aufgezeichnet. Ist die Obergrenze des interessierenden Tiefenbereiches erreicht,

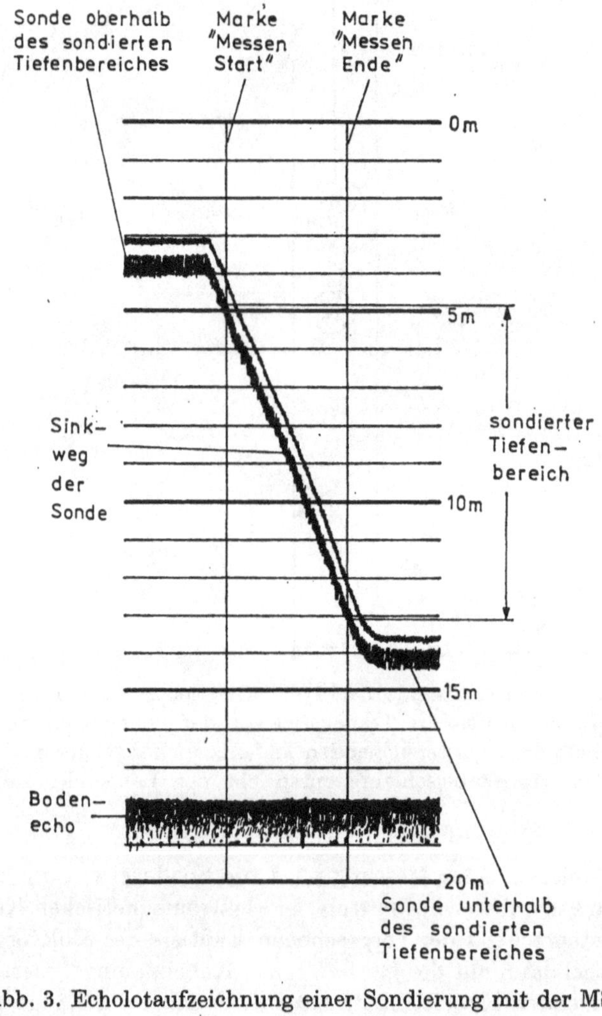

Abb. 3. Echolotaufzeichnung einer Sondierung mit der MSS

werden ebenfalls durch Fernbedienung die Analog-Digital-Umsetzung der Meßspannungen in der Bordeinheit und ihre Übergabe an den Rechner gestartet. Dieser Zeitpunkt wird automatisch durch eine Marke auf dem Echogramm gekennzeichnet. Nach Erreichen der Untergrenze des Tiefenbereiches wird die Registrierung der Meßspannungen entweder manuell gestoppt, oder es erfolgt ein automatischer Abbruch der Registrierung, nachdem alle im Rechner zur Verfügung stehenden Speicherplätze mit Meßdaten belegt sind. In jedem Fall wird automatisch eine weitere Marke auf dem Echogramm gesetzt. Nach beendeter Sondierung sinkt die Sonde entsprechend der Länge des ausgelegten Tragekabels weiter. Aus den Schnittpunkten des Sinkweges der Sonde auf dem Echogramm mit der Anfangs- und Endmarke lassen sich Anfangs- und Endtiefe des sondierten Tiefenbereiches bestimmen, wobei die Abmessungen der Sonde (Abstand Bremsschirm-Meßfühler 1 m) berücksichtigt werden müssen. Dieser Ablauf einer Sondierung mit der MSS ist auf dem in Abb. 3 gezeigten Echogramm anschaulich dargestellt.

Soll ein größerer Tiefenbereich (ca. 20 m und mehr) sondiert werden, so muß das Tragekabel während des Sinkvorganges der Sonde manuell von einer zweiten Person entsprechend der Sinkgeschwindigkeit frei nachgeführt werden. Dies erfordert allerdings etwas Übung, um das gleichmäßige Sinken der Sonde nicht zu beeinflussen.

3. Die Meßsonde

Der Aufbau der Meßsonde ist aus der Schnittdarstellung in Abb. 4 ersichtlich. Sie besteht aus einem druckwasserdichten Gehäuse, das am unteren Ende zwei Meßspitzen und einen Schutzkorb, der gleichzeitig als Ständer dient, trägt und am oberen Ende über einen Kabelstecker und ein Tragerohr mit dem starren Bremsschirm verbunden ist. Sämtliche Dichtungen der Sonde sind mit Rundringen ausgeführt. Das Gehäuse ist für Tauchtiefen von einigen hundert Metern ausgelegt. Die Gehäuseteile, der Schutzkorb, die Meßspitzen, der Kabelstecker und das Tragerohr sind aus Messing gefertigt. Der Bremsschirm besteht aus seewasserbeständigem Thermoplast. Das Gewicht der Sonde beträgt an Luft ca. 40 N und im Wasser ca. 30 N.

Die Meßfühler der Sensoren, das Mantelthermoelement und das 4-Elektroden-System, werden von je einer Meßspitze getragen. Beide Meßfühler sind mit Kunstharz in die jeweilige Meßspitze eingegossen.

Die Meßsonde ist so konstruiert, daß während des Sinkvorganges keine Störungen und Deformationen des zu sondierenden Vertikalprofils auftreten können. Aus holographischen Aufnahmen von umströmten Körpern (Debler

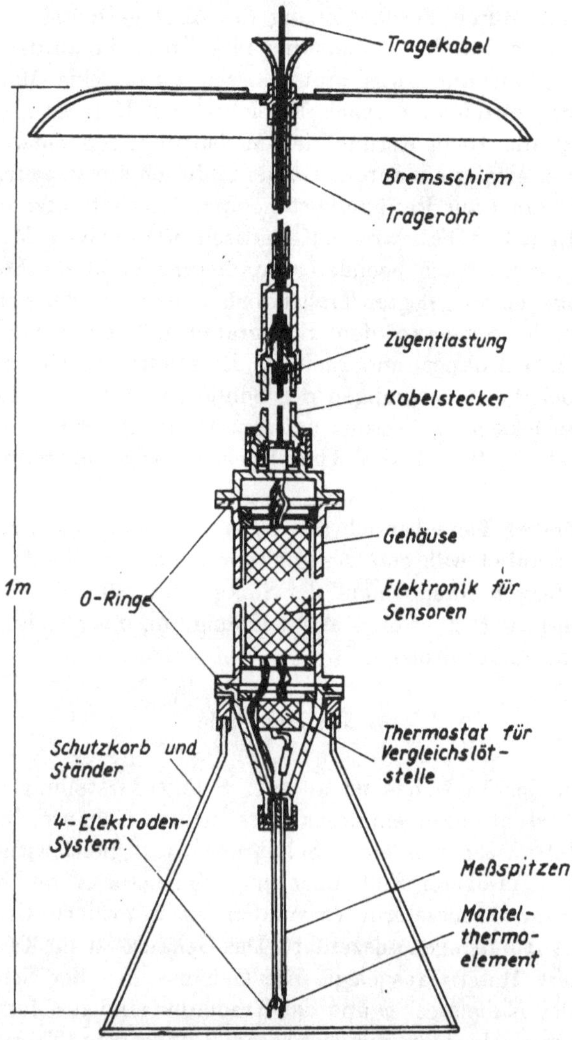

Abb. 4. Schnittdarstellung der Meßsonde (ohne seitliche Führungsstreben)

u. VEST [2]) ist ersichtlich, daß Störungen der Dichteschichtung vor einem Körper etwa in der Entfernung seines Durchmessers einsetzen. Bei der Meßsonde der MSS befinden sich die beiden Meßfühler daher in einer Entfernung von mindestens dem doppelten Durchmesser vor den verschiedenen angeströmten Querschnitten (Gehäuseflansche, Bremsschirm).

Um Fehler bei der Berechnung ozeanologischer Parameter aus den gemessenen Größen zu vermeiden, muß die Kohärenz zwischen den Meßreihen der Temperatur und der elektrischen Leitfähigkeit gesichert sein. Nach Untersuchungen von NASMYTH [18] sind die horizontalen Ausdehnungen von Schichtungsstrukturen im Feinstrukturbereich (Meter bis Dezimeter) zehn- bis hundertmal größer als ihre vertikalen Maße. Messungen von MARMORINO u. CALDWELL [15] ergaben, daß die horizontale Korrelationslänge im Mikrostrukturbereich in der gleichen Größenordnung liegt wie die vertikalen Ausdehnungen der Strukturen. Da die kleinsten stabilen Schichtungsstrukturen im Meer vertikale Abmessungen in der Größenordnung Zentimeter haben, müssen die Meßfühler für die Temperatur und die elektrische Leitfähigkeit einen seitlichen Abstand in der gleichen Größenordnung aufweisen, um eine hohe Kohärenz zwischen beiden Meßgrößen zu garantieren. Diese Bedingung ist bei der MSS bei einem horizontalen Meßfühlerabstand von 10 mm gewährleistet.

Die Elektronik des Temperatur- und des Leitfähigkeitssensors ist im zylinderförmigen Teil des Gehäuses untergebracht. Beide Schaltungen werden durch thermostabilisierte Abdeckungen und Glaswollematten gegen rasche Temperaturänderungen des Gehäuses abgeschirmt. Im kegelförmigen unteren Teil des Gehäuses befindet sich der Thermostat für die Vergleichslötstelle des Thermoelementes. Er ist ebenfalls mit Glaswolle thermisch isoliert.

Als Tragekabel findet ein hochelastisches, 5adriges gummiertes Kupferkabel Verwendung. Der Außendurchmesser beträgt 7 mm. Die Tragkraft des Kabels beträgt maximal 500 N. Das Gewicht pro Meter Kabel beträgt an Luft 0,75 N und im Wasser 0,37 N. Der Anschluß des Tragekabels an die in dem druckwasserdichten Gehäuse befindliche Sensorelektronik erfolgt über den 5poligen wasserdichten Kabelstecker.

4. Der Temperatursensor

4.1. Funktionsbeschreibung

Der Temperatursensor der MSS besteht aus einem Mantelthermoelement als Temperaturfühler, einem Thermostaten für die Vergleichslötstelle, einem Spannungsverstärker und einem Spannungs-Strom-Wandler. Abb. 5 zeigt das Blockschaltbild des Sensors. Der Temperatursensor ist für einen Meßbereich von 0 bis 30 °C ausgelegt. Die vom Mantelthermoelement gelieferte Meßspannung entspricht der Temperaturdifferenz zwischen der Vergleichs- und der Meßlötstelle. Für den angegebenen Meßbereich variiert diese Spannung zwischen 2,2 und 0,15 mV. Im nachfolgenden Spannungsverstärker wird die Meßspannung verstärkt und dem Spannungs-Strom-Wandler zuge-

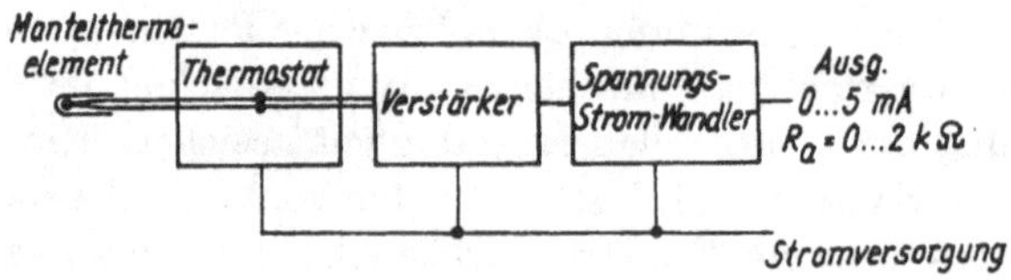

Abb. 5. Blockschaltbild des Temperatursensors

führt. Dieser setzt die verstärkte Spannung bei einem Lastwiderstand von maximal 2 kOhm in einen proportionalen Strom von 0 bis 5 mA um, der in das Tragekabel eingespeist wird. Um Drift- und Rauscheinflüsse so gering wie möglich zu halten, war es notwendig, in der ersten Stufe der Gesamtschaltung (Verstärker) eine möglichst hohe Spannungsverstärkung zu realisieren. Die Gesamtverstärkung der Elektronik kann durch Variation des Lastwiderstandes zwischen 0 und 5000 verändert und somit eine Anpassung an den jeweils notwendigen Meßbereich erreicht werden.

4.2. Der Temperaturfühler

Als temperatursensibles Element werden bei den meisten bekannten Mikrostruktursonden gekapselte Miniaturthermistoren verschiedener Bauart eingesetzt, die eine hohe Temperaturauflösung sowie verhältnismäßig geringe Ansprechzeiten aufweisen und somit vertikale Meßwertauflösungen bis zu einem Millimeter ermöglichen. Von GREGG et al. [10] entwickelte Temperaturfühler auf Thermistorbasis erreichen Meßwertauflösungen von einigen Mikrograd. Nach Untersuchungen von GREGG u. MEAGHER [9] liegen die Ansprechzeiten dieser hochempfindlichen Thermistorfühler bei Strömungsgeschwindigkeiten von 0,1 m/s bei ca. 20 ms. Von CALDWELL u. a. [1] wurden neben Thermistoren auch ungeschützte Chromel-Konstantan-Thermoelemente verwendet, die jedoch nur eine geringe Lebensdauer von 1 bis 3 Tagen im See-Einsatz haben.

Bei der Konzipierung des Temperatursensors für die MSS wurde davon ausgegangen, daß sowohl Miniaturthermistoren als auch ungeschützte Thermoelemente als Meßfühler für die Temperatur den gestellten Anforderungen nicht voll entsprechen. Von den elektrischen und thermodynamischen Parametern her sind Miniaturthermistoren zwar sehr gut geeignet, ihre Herstellung bereitet aber einige Schwierigkeiten, da die kommerziell angebotenen Thermistoren zu groß sind und dadurch zu große Ansprechzeiten aufweisen. Durch Abschleifen kann die Masse dieser Thermistoren und damit auch ihre Responsezeit auf den notwendigen Wert verringert werden (SOLBERG [25]). Auf diese Weise hergestellte Meßfühler sind jedoch äußerst empfindlich gegen mechanische Beanspruchungen und daher nur bedingt für den routinemäßigen Meßbetrieb, vor allem bei ungünstigen Witterungsbedingungen, geeignet. Ungeschützte Thermoelemente schieden wegen der zu geringen Lebensdauer im See-Einsatz aus.

Als Temperaturfühler für die MSS wurde daher ein Mantelthermoelement eingesetzt. Derartige Temperaturfühler sind druckwasser- und korrosionsfest sowie mechanisch, chemisch und elektrisch vollkommen von äußeren Einflüssen abgeschirmt. Sie bestehen aus einem an einem Ende zugeschweißten Edelstahlröhrchen, in dem sich ein Thermoelement mit der Meßlötstelle im verschweißten Ende befindet. Die beiden Thermodrähte sind gegen den Stahlmantel elektrisch isoliert. Der Isolationswiderstand beträgt einige Megaohm. Das bei der MSS eingesetzte Mantelthermoelement (Hersteller: VEB Walzwerk Hettstedt) hat einen Außendurchmesser des Mantels von 0,5 mm. Die temperatursensible Spitze (verschweißtes Ende) ist ca. 1 mm lang. Die Gesamtlänge des verwendeten Elementes beträgt 170 mm, wobei 10 mm aus der Meßspitze herausragen. Als Thermopaar wurde die Kombination Nickelchrom—Nickel gewählt, die eine relativ hohe Empfindlichkeit von ca. 69 μV/K aufweist. Nach Untersuchungen von Schroeder [23] liegen die Ansprechzeiten derartiger Mantelthermoelemente im Wasser zwischen 15 und 30 ms. Eigene Untersuchungen an dem verwendeten Meßfühler ergaben bei einer Anströmung von ca. 0,5 m/s einen Wert von 27 ms.

4.3. Der Thermostat

Der Thermostat für die Vergleichslötstelle des Thermoelementes besteht aus einem Kupferblock, der durch eine elektronische Regelschaltung mit analogem Verhalten auf der konstanten Temperatur von 32 °C gehalten wird. Die Konstanz dieser Temperatur bestimmt die Absolutgenauigkeit der Temperaturmessung mit der MSS.

Die Regelabweichungen der Temperatur der Vergleichslötstelle von der Solltemperatur liegen bei konstanter Umgebungstemperatur der Sonde unter 0,01 K bei Regelperioden in der Größenordnung 1 bis 2 Minuten. Damit können durch das Regelverhalten des Thermostaten keine Temperaturänderungen während einer Sondierung vorgetäuscht werden. Bei starken dauerhaften Änderungen der Umgebungstemperatur der Sonde, z. B. wenn diese eine starke Temperatursprungschicht passiert, kommt es zu einer Abweichung der Temperatur der Vergleichlötstelle von der Solltemperatur. Diese Abweichung geht aber so langsam vonstatten, daß sie keine merklichen Verfälschungen der Temperaturgradienten während einer Sondierung bewirken kann: Bei einer schlagartigen Abkühlung des Sondengehäuses um 10 K ist die Temperatur der Vergleichslötstelle nach einer Minute um 0,1 K abgesunken. In dieser Zeit hat die Sonde einen Sinkweg von ca. 30 m zurückgelegt. Untersuchungen der Absolutgenauigkeit der Temperaturmessung mit der

MSS unter Seebedingungen ergaben eine Abweichung gegenüber den mit der OM 75 gemessenen Temperaturen von maximal $\pm 0,5$ K. Die mittleren Abweichungen lagen im Bereich bis $\pm 0,3$ K und genügen damit den Anforderungen an die Absolutgenauigkeit der Messungen.

4.4. Die Eichung des Temperatursensors

Die Eichung des Temperatursensors kann im thermostabilisierten Wasserbad oder in situ durch Vergleich mit der OM 75 erfolgen. Im letztgenannten Fall, der sich im routinemäßigen See-Einsatz als besonders günstig erwies, werden die MSS und die OM 75 nebeneinander in thermisch homogene Wasserschichten (z.B. durchmischte Deckschicht) unterschiedlicher Temperatur gehängt. Die von der OM 75 gelieferten Temperaturwerte werden als Eichtemperaturen eingesetzt. Da die Temperatur-Spannungs-Kennlinie des Thermoelementes in dem verhältnismäßig schmalen Temperaturbereich von 30 K hinreichend linear ist, genügen wenige Wertepaare zur Eichung des Temperatursensors. Zur Umrechnung der Meßspannungen in Temperaturwerte wird ein Polynom 1. Grades verwendet. Zur Eichung wird das nach der Analog-Digital-Umsetzung vorliegende und von der Bordeinheit angezeigte BCD-codierte Wort U_{T_c} des der Temperatur T entsprechenden, am Lastwiderstand in der Bordeinheit abfallenden Spannungswertes U_T benutzt. Die Koeffizienten a_0 und a_1 der Regressionsgeraden

$$T = a_0 + a_1 \cdot U_{Tc} \quad (T \text{ in } °\text{C})$$

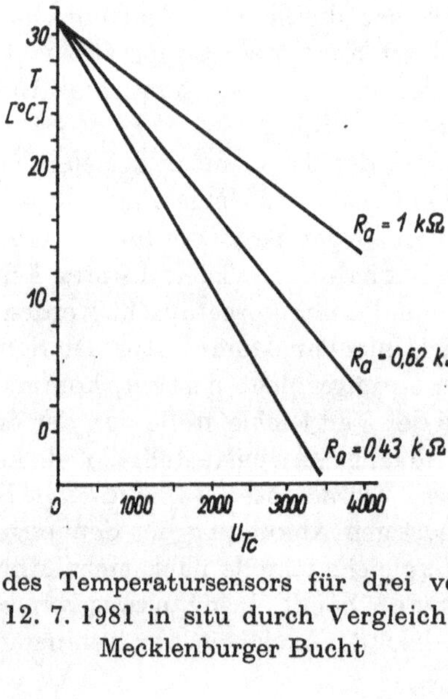

Abb. 6. Eichgeraden des Temperatursensors für drei verschiedene Lastwiderstände; Eichung am 12. 7. 1981 in situ durch Vergleich mit der OM 75 in der Mecklenburger Bucht

können dann ohne weitere Umrechnung dem KSR 4100 als Koeffizienten zur Temperaturberechnung eingegeben werden. Einige Eichgeraden des Temperatursensors für verschiedene Lastwiderstände werden in Abb. 6 gezeigt.

5. Der Leitfähigkeitssensor

5.1. Funktionsbeschreibung

Der Leitfähigkeitssensor der MSS besteht aus einem miniaturisierten 4-Elektroden-System, einem Oszillator und einer mehrstufigen elektronischen Schaltung zur Aufbereitung der Meßspannungen. Abb. 7 zeigt das Blockschaltbild des Sensors. Die äußeren Elektroden (Feldelektroden) des 4-Elektroden-Systems werden aus dem Oszillator mit einem konstanten Wechselstrom gespeist. Entsprechend der elektrischen Leitfähigkeit im Meßmedium entsteht zwischen den beiden inneren Elektroden (Meßelektroden) eine Spannung, die nahezu leistungslos durch den auf die Oszillatorfrequenz abgestimmten Filterverstärker kapazitiv abgegriffen wird. Der Filterverstärker unterdrückt Störsignale fremder Frequenz, besonders 50-Hz-Störungen. Das Wechselspannungssignal wird dann einem Spannungs-Strom-Wandler zugeführt und durch diesen in ein proportionales Wechselstromsignal umgewandelt. Dieser Wechselstrom wird von dem nachfolgenden Stromgleichrichter in eine pulsierende Gleichspannung umgesetzt. Durch die Verwendung der Kombination Spannungs-Strom-Wandler/Stromgleichrichter zur Gleichrichtung bleiben die nichtlinearen Kennlinien der verwendeten Gleichrichterdioden sowie deren Kennlinienunterschiede und -veränderungen ohne Wirkung auf die Übertragungscharakteristik der Gleichrichtung. Der nachfolgende Tiefpaß (Integrierglied) dezimiert die Restwelligkeit bis auf ein von der Oszillatorfrequenz und der Tiefpaßzeitkonstanten abhängiges Mindestmaß. Die am Tiefpaß bereitgestellte Gleichspannung wird durch einen weiteren Spannungs-Strom-Wandler in einen proportionalen Gleichstrom von 0 bis 5 mA umgewandelt und in das Tragekabel eingespeist.

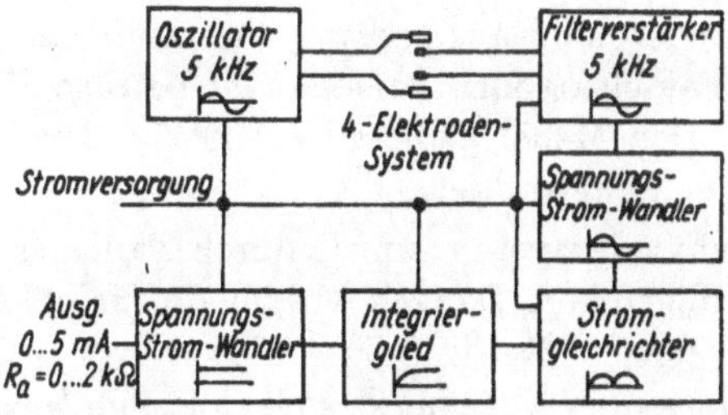

Abb. 7. Blockschaltbild des Leitfähigkeitssensors

5.2. Der Leitfähigkeitsmeßfühler

Als Meßfühler für die Messung der elektrischen Leitfähigkeit sind bei Mikrostruktursonden verschiedene Systeme eingesetzt worden. WOODS [29] verwendete ein einfaches 2-Elektroden-System. Von GREGG u. COX [8] wurde ein spezielles 4-Elektroden-System mit verbesserter vertikaler Meßwertauflösung beschrieben, das auch in weiteren Mikrostruktursonden eingesetzt wurde (OSBORN [19]). Eine reale vertikale Auflösung der elektrischen Leitfähigkeit unter 1 cm kann mit diesen Systemen jedoch nicht erreicht werden. Der Einsatz induktiver Verfahren zur Messung der elektrischen Leitfähigkeit im Mikrostrukturbereich hat sich wegen der unzureichenden räumlichen Meßwertauflösung nicht bewährt. Da mit diesen bekannten Lösungsvarianten die geforderte Vertikalauflösung in der Größenordnung Millimeter nicht zu erzielen ist, mußte als Leitfähigkeitssensor für die MSS ein spezieller Meßfühler mit der dazu angepaßten Elektronik aufgebaut werden.

Als Meßfühler für den Leitfähigkeitssensor wurde ein miniaturisiertes 4-Elektroden-System entwickelt. Mit der Anwendung von einfacheren 2-Elektroden-Systemen läßt sich die Forderung nach einer vertikalen Meßwertauflösung im Millimeterbereich nicht verwirklichen. Die Meßelektroden werden hier im Gegensatz zu 4-Elektroden-Systemen von einem Strom durchflossen, der zur Vermeidung von Elektrolyseeffekten auf den Elektrodenoberflächen keine größere Stromdiche als 10 mA/cm^2 erzeugen darf. Bei der notwendigen Miniaturisierung der Elektroden ergeben sich damit Probleme für eine hinreichend genaue Messung der sehr geringen Ströme. Ein weiterer Nachteil von 2-Elektroden-Systemen besteht darin, daß trotz kleinster Elektroden, bedingt durch den Feldlinienverlauf, keine so hohe räumliche Auflösung erreicht werden kann wie mit 4-Elektroden-Systemen.

Der Aufbau des bei der MSS angewendeten Elektrodensystems, einschließlich des Feldlinienverlaufes zwischen den Feldelektroden, ist in Abb. 8 skizziert. Die kreisförmigen Feldelektroden (∅ 5 mm) und die quadratischen Meßelektroden (1 × 1 mm) werden von Drähten (∅ 1 mm) getragen, die in der Meßspitze zusammengeführt und mit Epoxidharz eingegossen sind. Drähte und Elektroden sind aus seewasserbeständigem Edelstahl gefertigt. Der Abstand der Feldelektroden voneinander beträgt 15 mm, der der Meßelektroden 6 mm. Das Meßelektrodenpaar ist in der Mitte zwischen den beiden Feldelektroden angeordnet.

Das gesamte Elektrodensystem wurde durch Tauchen mehrfach mit einer Isolierlackschicht überzogen. Danach wurden die Feldelektroden innenseitig und die Meßelektroden beidseitig freigeschliffen und poliert. Damit ist eine weitestgehend homogene Verteilung des elektrischen Stromfeldes, besonders im Bereich der Meßelektroden, gegeben. Da die Feldlinien in diesem Bereich

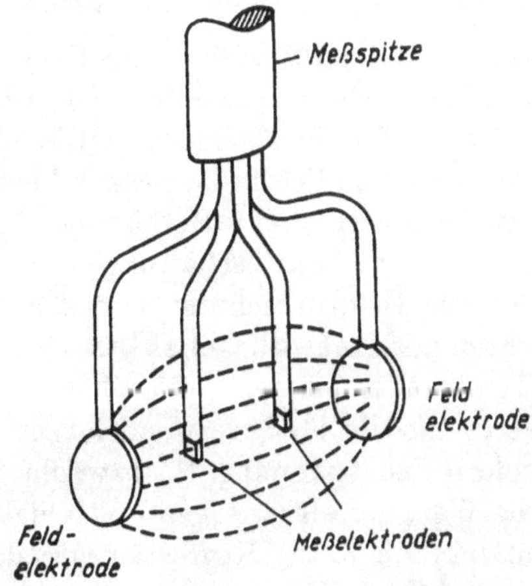

Abb. 8. Aufbau des 4-Elektroden-Systems des Leitfähigkeitssensors; ---- schematisierter Feldlinienverlauf

nahezu parallel verlaufen, liegt die vertikale Auflösung des Elektrodensystems in der Größenordnung der Vertikalabmessungen der Meßelektroden (1 mm).

Durch die Abmessungen und die Anordnung der Meßelektroden ist garantiert, daß bei seitlichen Anströmungen bis zu 0,5 m/s, die bei einer Sinkgeschwindigkeit der Sonde von 0,5 m/s eine Abweichung des resultierenden Strömungsvektors von 45° von der Vertikalen bewirkt, keine Meßwertverfälschungen durch Wirbelbildung an den Feldelektroden entstehen können. Weiterhin ist dadurch gesichert, daß die Meßelektroden während des Sinkvorganges in gleicher Weise umspült werden wie der Temperaturmeßfühler.

Die Deformationen des Elektrodensystems bei starker seitlicher Anströmung (besonders Verbiegen der Drähte, die die Feldelektroden tragen) sind so gering, daß sie nicht zu meßbaren Fehlern führen. Bei einer seitlichen Anströmung von 0,5 m/s beträgt die Auslenkung der Feldelektroden aus ihrer Ruhestellung lediglich 1,35 μm.

Der vom Oszillator in die Feldelektroden gespeiste Strom beträgt 1,7 mA. Bei der Elektrodenfläche von 0,196 cm^2 entsteht somit eine Stromdichte auf der Oberfläche der Feldelektroden von 8,66 mA/cm^2. Diese Stromdichte ist hinreichend klein, um Elektrolyseeffekte auf den Elektrodenoberflächen zu vermeiden. Die durch den Konstantstrom bedingte Erwärmung des Wasserkörpers zwischen den Feldelektroden führt bei der mittleren Sinkgeschwindigkeit der Sonde von 0,5 m/s nicht zu meßbaren Fehlern in der elektrischen Leitfähigkeit. Eine Abschätzung dieses Effektes ergab eine Meßwertverfälschung von $5 \cdot 10^{-5}$ mS/cm.

5.3. Die Eichung des Leitfähigkeitssensors

Der Leitfähigkeitssensor der MSS wird generell in situ geeicht. Laboreichungen mit Hilfe von Ersatzwiderständen führten zu keinen befriedigenden Ergebnissen. Die Ursache dafür dürfte in den Abweichungen der äußeren Feldlinien von dem idealisierten Feldlinienverlauf liegen, die durch in der Nähe des Elektrodensystems befindliche Metallteile (Temperaturmeßfühler) bedingt sind und durch einfache Ersatzschaltungen mit Widerständen nicht erfaßt werden können. Die In-situ-Eichung wird durch Vergleich mit der OM 75 in Wasserschichten unterschiedlicher elektrischer Leitfähigkeit durchgeführt. Analog zur Temperatureichung werden hier die Leitfähigkeitswerte der OM 75 als Eichwerte für die MSS verwendet. Die vom Leitfähigkeitssensor der MSS gelieferte Meßspannung U_C bzw. ihr BCD-codierter Wert U_{C_c} ist dem reziproken Wert der elektrischen Leitfähigkeit C direkt proportional. Die Koeffizienten b_0 und b_1 der Regressionsgeraden

$$1/C = b_0 + b_1 \cdot U_{Cc} \qquad (C \text{ in mS/cm})$$

werden dem KSR 4100 zur Absolutwertberechnung eingegeben. Vom Rechner wird zunächst der Wert $1/C$ berechnet und daraus durch Kehrwertbildung die elektrische Leitfähigkeit. In Abb. 9 sind einige Eichgeraden des Leitfähigkeitssensors für verschiedene Lastwiderstände gezeigt.

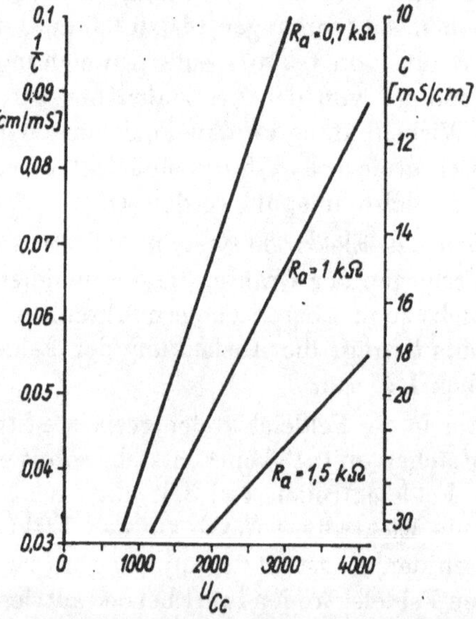

Abb. 9. Eichgeraden des Leitfähigkeitssensors für drei verschiedene Lastwiderstände; Eichung am 12. 7. 1981 in situ durch Vergleich mit der OM 75 in der Mecklenburger Bucht

5.4. Das Driftverhalten des Leitfähigkeitssensors

Für den Einsatz in der Ozeanologie hat die Messung der elektrischen Leitfähigkeit mit Elektrodensystemen gegenüber induktiven Verfahren den Nachteil, daß durch Belagbildung auf den Elektroden, die von den im Meerwasser gelösten und suspendierten Stoffen verursacht wird, stärkere Drifteffekte auftreten. Dadurch wird die Absolutgenauigkeit der Messung beeinträchtigt.

Das Driftverhalten des Leitfähigkeitssensors der MSS wurde daher im See-Einsatz durch spezielle Messungen untersucht. Die Drifteffekte im Zeitbereich bis zu einigen Stunden, die praktisch ausschließlich durch Belagbildung auf den Elektroden bedingt sein dürften, wurden bestimmt, indem die MSS und die OM 75 für die entsprechende Zeitdauer nebeneinander in gleicher Tiefe in einen homogenen Wasserkörper gehängt wurden. In regelmäßigen Abständen wurde mit beiden Geräten die elektrische Leitfähigkeit gemessen, und die Meßwerte wurden miteinander verglichen. Charakteristische Ergebnisse sind aus Abb. 10 ersichtlich.

Wenn die Sonde bei geringer Strömung über mehrere Stunden im Wasser hängt und nicht bewegt wird, so zeigt der Leitfähigkeitssensor ein ausge-

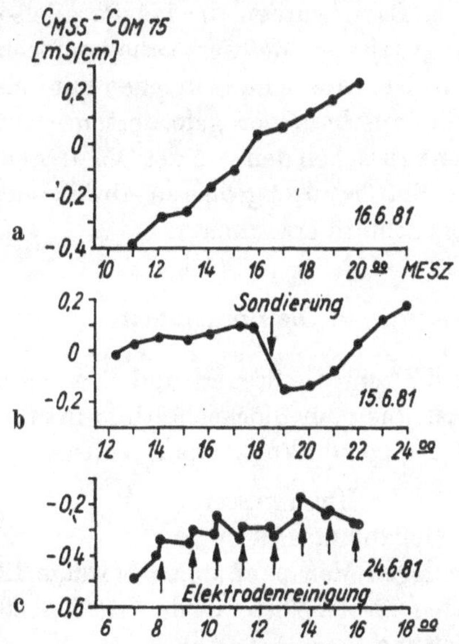

Abb. 10. Driftverhalten des Leitfähigkeitssensors. Die Sonde befand sich über den betrachteten Zeitraum ständig im Wasser. **a** Sonde über den gesamten Zeitraum nicht bewegt; **b** Sonde bis auf eine Sondierung zwischen 18 und 19 Uhr nicht bewegt; **c** Elektroden des Leitfähigkeitssensors in regelmäßigen Abständen mit Seifenlösung und einem weichen Pinsel gereinigt

prägtes, in den meisten Fällen monotones Driftverhalten. Dieses wird unterbrochen, wenn die Sonde zwischendurch bewegt wird, z.B. wenn eine Sondierung durchgeführt wird. Die Ursache für die Unterbrechung des Driftverhaltens dürfte der Spüleffekt bei der Bewegung der Sonde sein, der eine Reinigung der Elektroden bewirkt. Werden die Elektroden des Leitfähigkeitssensors in regelmäßigen Abständen mit Seifenlösung und einem weichen Pinsel gereinigt, so ist die mittlere Drift über den Zeitraum von einigen Stunden deutlich geringer. Sie beträgt hier ca. 0,02 (mS/cm)/h gegenüber durchschnittlich 0,05 (mS/cm)/h bei nicht durchgeführter Elektrodenreinigung, wobei die festgestellte maximale Drift 0,078 (mS/cm)/h betrug. In beiden Fällen ist die Größe der Drift ohne Einfluß auf die während einer Sondierung erhaltenen Meßwerte. Eine Reinigung des Elektrodensystems vor einer Sondierung muß jedoch durchgeführt werden, wenn die Sonde zuvor längere Zeit unbewegt im Wasser hing, damit der Spüleffekt nicht während der Sondierung abläuft und zu einer Verfälschung der Meßwerte führt.

Die Langzeitdrift des Leitfähigkeitssensors, die neben der Belagbildung auf den Elektroden auch durch Drifterscheinungen der Elektronik verursacht sein kann, wurde über einen Zeitraum von einigen Wochen bei normalem Meßbetrieb untersucht. Dazu wurden die bei Parallelsondierungen mit der OM 75 und der MSS registrierten Meßwerte aus homogenen Wasserschichten miteinander verglichen. Die Abweichungen lagen mit einer Ausnahme in dem untersuchten Zeitraum innerhalb der geforderten $\pm 0{,}5$ mS/cm. An einem Tag betrug die Differenz zwischen den von der OM 75 und der MSS gelieferten Werten ca. 0,6 mS/cm. Ein Trend zu größeren Abweichungen über den Untersuchungszeitraum war nicht zu erkennen.

6. Die Bordeinheit

Die Bordeinheit ist die zentrale Steuer- und Kontrolleinheit der MSS. Ihr prinzipieller Aufbau ist aus dem Blockschaltbild in Abb. 11 ersichtlich. Mit der Bordeinheit werden folgende Funktionen realisiert:

- Stromversorgung für die Unterwassereinheit,
- Zeitsteuerung des Meßablaufes,
- Umsetzung der analogen Meßspannungen in duale 12-bit-Worte,
- Übergabe der dualen 12-bit-Worte an den KSR 4100 zur Abspeicherung und Weiterverarbeitung,
- digitale Anzeige der umgesetzten Meßspannungen.

Die vier Baugruppen der Bordeinheit, die Steuerlogik, der Analog-Digital-Umsetzer, der Quarzgenerator und der Dual-BCD-Wandler, sind als steckbare Einheiten ausgeführt und zusammen mit der aus kommerziellen Bau-

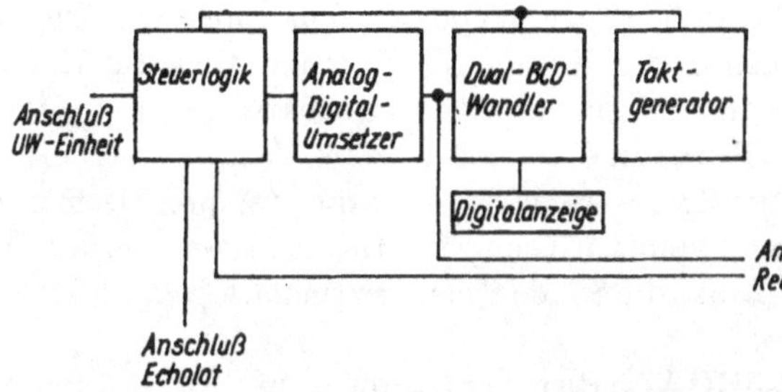

Abb. 11. Blockschaltbild der Bordeinheit

steinen bestehenden Stromversorgung in einem standardisierten EGS-Gehäuse untergebracht. Für die Stromversorgung der Meßsonde befindet sich in der Bordeinheit ein gesonderter Baustein. Die Stromaufnahme der Sonde kann mit einem eingebauten Instrument kontrolliert werden; sie beträgt in der Einlaufphase der Thermostaten ca. 280 mA und sinkt nach etwa 10 Minuten je nach Umgebungstemperatur der Sonde auf 80 bis 120 mA ab.

Die von der Meßsonde gelieferten Informationen in Form von Gleichströmen 0 bis 5 mA je Meßkanal werden mittels einstellbarer Eingangswiderstände in der Bordeinheit (Lastwiderstände) in Meßspannungen von 0 bis 5 V umgesetzt. Höhere Spannungen können von dem verwendeten ADC nicht verarbeitet werden. Die Lastwiderstände beider Kanäle müssen daher so gewählt werden, daß bei den Temperatur- und Leitfähigkeitswerten in dem zu sondierenden Tiefenbereich keine Meßspannungen über 5 V auftreten. Durch kapazitive Beschaltung der Eingangsspannungsverstärker in der Bordeinheit wird die Ansprechzeit der beiden Sensoren einheitlich auf 40 ms festgelegt, die den gestellten Anforderungen an die vertikale und damit an die zeitliche Meßwertauflösung genügen. Hierdurch ist ein weitestgehend gleiches dynamisches Ansprechverhalten des Temperatur- und des Leitfähigkeitssensors gesichert. Zusätzlich werden durch diese Tiefpaßfilterung der Meßspannungen hochfrequente Störsignale (Rauschen) unterdrückt.

Die Steuerung des gesamten Zeitablaufes der Meßwertregistrierung erfolgt durch die Steuerlogik und den Quarzgenerator. Die an den Lastwiderständen ständig anstehenden Meßspannungen U_T und U_C werden über die Steuerlogik auf den Analog-Digital-Umsetzer (ADC) durchgeschaltet, dort in fest einstellbaren Zeitabständen (Tastfolge) in duale 12-bit-Worte umgesetzt und dem KSR 4100 übergeben. Die Korrespondenz zwischen Bordeinheit und Rechner erfolgt dabei gemäß Standard-Interface SI 1 · 2. Die Tastfolge wird durch die am Quarzgenerator eingestellte Taktfrequenz festgelegt und kann wahlweise 2, 4, 10, 20, 40, 100 oder 1000 ms betragen. Bei der mittleren Sinkgeschwindigkeit der Sonde von 0,5 m/s sind somit vertikale Meßwertauflösungen von 1, 2, 5, 10, 20, 50 oder 500 mm möglich. Die Umsetzungen der Meßspannungen in den Kanälen E_1 (Temperatur) und E_2 (Leitfähigkeit) werden nacheinander mit einem zeitlichen Abstand von 60 µs durchgeführt. Da diese serielle Übernahme der Wertepaare Temperatur/Leitfähigkeit hinreichend schnell erfolgt, werden beide Parameter praktisch in der gleichen Meßtiefe gewonnen, womit Aliasingeffekte vermieden werden. Während der Zeitdauer von 60 µs hat die Sonde einen vernachlässigbar kleinen Sinkweg von 30 µm zurückgelegt.

Mit dem Dual-BCD-Wandler werden die vom ADC erzeugten dualen 12-bit-Worte der Meßspannungen in den BCD-Code umgesetzt und mit 7-Segment-LED-Anzeigen angezeigt. Der maximale Anzeigenwert von U_{Tc} bzw. $U_{Cc} = 4095$ entspricht dabei der Meßspannung U_T bzw. $U_C = 5{,}000$ V. Es kann wahlweise die Meßspannung im Kanal E_1 oder im Kanal E_2 angezeigt werden.

7. Fehlerabschätzung

7.1. Fehlerquellen

Für die Untersuchung der Struktur der thermohalinen Wasserschichtung sind die Vertikalprofile der Gradienten von Temperatur, Salzgehalt und anderen Parametern von primärem Interesse. Die Abschätzung der Meßfehler der MSS soll daher auf die Einflußgrößen konzentriert werden, die zu Fehlern bei der Bestimmung der Temperatur- und Leitfähigkeitsgradienten sowie bei der Berechnung der Gradienten weiterer Größen aus Temperatur und Leitfähigkeit führen. Die bereits diskutierte Drift des Leitfähigkeitssensors und die Absolutfehler beider Sensoren beeinflussen die Gradientenberechnung nicht und bleiben hier deshalb unberücksichtigt.

Folgende Einflüsse führen beim Einsatz der MSS zu Meßfehlern im oben genannten Sinne:

- Ungenauigkeiten bei der Bestimmung der Mächtigkeit des sondierten Tiefenbereiches (Tiefenfehler),
- Abweichungen des tatsächlichen Sinkweges der Sonde von dem durch Anfangs- und Endpunkt der Sondierung festgelegten linearen Sinkweg (Linearitätsfehler),
- Quantisierungsfehler,
- Verfälschung der tatsächlichen Strukturen durch die Trägheit der Sensoren (dynamische Fehler) und durch die geometrischen Abmessungen der Meßfühler (räumliche Response),
- durch unterschiedliches dynamisches Ansprechverhalten beider Sensoren bedingte Fehler bei der Berechnung abgeleiteter Größen, besonders des Salzgehaltes (Salzspikes).

Im folgenden sollen die hierdurch verursachten Meßfehler bei der MSS diskutiert und ihre Größe abgeschätzt werden.

7.2. Tiefenfehler

Fehler bei der Bestimmung der Dicke des sondierten Tiefenbereiches, d. h. der Differenz zwischen Anfangs- und Endtiefe der Sondierung, treten bei der Ablesung auf dem Echogramm auf und entstehen durch Fehlanzeigen des Lotes bei einer Änderung der Schallgeschwindigkeit innerhalb des untersuchten Tiefenbereiches. Diese Fehler wirken sich linear auf die aus Anfangs- und Endtiefe berechnete Schrittweite und damit auf die über die Schrittweite berechneten Gradienten der gemessenen und berechneten Parameter aus.

Die Dicke des untersuchten Tiefenbereiches läßt sich bei dem zur Tiefenbestimmung verwendeten Flachwasser-Vermessungslot DESO 10 auf dem Echogramm mit einer Genauigkeit von ca. ±5 cm bestimmen. Bei störenden Rollbewegungen des Schiffes durch Seegang muß der Sinkweg der Sonde durch eine Ausgleichsgerade festgelegt werden, um die Schwankungen in der Tiefenanzeige des Echolotes zu eliminieren. Unter diesen Bedingungen läßt sich die Differenz zwischen Anfangs- und Endtiefe mit einer Genauigkeit von ca. ±10 cm ermitteln, wenn der gesamte Sinkweg der Sonde hinreichend groß gewählt wurde (mindestens 12 bis 15 m). Bei einer Dicke des sondierten Tiefenbereiches von 10 m wird somit durch den Ablesefehler auf dem Echogramm bei ruhiger See ein Fehler von 0,5% und bei stärkerer Rollbewegung des Schiffes ein solcher von 1% bei der Gradientenberechnung verursacht, der sich bei größeren Tiefenbereichen entsprechend verringert.

Bei Annahme einer linearen Änderung der Schallgeschwindigkeit in dem untersuchten Tiefenbereich läßt sich der dadurch entstehende Anzeigenfehler der Endtiefe gegenüber der Anfangstiefe leicht abschätzen. Er entspricht in diesem Fall der Hälfte der prozentualen Änderung der Schallgeschwindigkeit innerhalb des Tiefenbereiches. Somit beträgt bei der extrem starken Schallgeschwindigkeitsänderung von 20 m/s der Anzeigenfehler der Differenz zwischen Anfangs- und Endtiefe 0,67%. Diese Abschätzung zeigt, daß der Einfluß des durch Schallgeschwindigkeitsänderungen bedingten Anzeigenfehlers des Lotes auf die Größe der berechneten Gradienten praktisch vernachlässigbar klein ist.

7.3. Linearitätsfehler

Da bei der Arbeit mit der MSS nur Anfangs- und Endtiefe des untersuchten Tiefenbereiches exakt erfaßt werden, erfolgt die Tiefenzuordnung der Meßwerte durch äquidistante Verteilung auf den Sinkweg der Sonde. Dies setzt einen linearen Sinkweg voraus, d. h., daß die Sonde den vermessenen Tiefenbereich mit konstanter Geschwindigkeit passiert hat. Praktisch treten aber wie bei allen frei fallenden Mikrostruktursonden Abweichungen von der mittleren Sinkgeschwindigkeit in dem sondierten Tiefenintervall auf, die zu Fehlern bei der Gradientenberechnung führen. Ursachen für Unregelmäßigkeiten der Sinkgeschwindigkeit können sein:

- der Einfluß des Tragekabels,
- vertikale Wasserbewegungen durch interne Wellen,
- seitliche Anströmung der Sonde.

Das Tragekabel kann die Sinkgeschwindigkeit der Sonde beeinflussen, wenn es nach Freigabe aus der elektromagnetischen Kabelklemme als Schlaufe neben der Sonde hängt und dadurch ihr Gewicht vergrößert. Dieser Fall kann eintreten, wenn nur eine sehr geringe Strömung herrscht. Da vornehmlich begrenzte Tiefenintervalle vermessen werden, besteht die Schlaufe nur aus wenigen Metern Kabel. Bei einem Sinkweg der Sonde von 10 m sind es maximal 5 m, die zu einer Gewichtsvergrößerung von ca. 6% und damit zu einer Erhöhung der Fallgeschwindigkeit der Sonde zu Beginn der Sondierung um 3% führen können. Mit zunehmender Sinkdauer verringert sich der Einfluß der Kabelschlaufe auf die Vertikalgeschwindigkeit der Meßsonde.

Bei vorhandener Strömung wird das freigegebene Tragekabel seitlich verdriftet und beginnt die Sonde zu bremsen, nachdem es durch die Strömung gespannt wurde. Dieser Vorgang konnte bei starker Strömung mehrfach mit dem Echolot beobachtet werden. In diesem Fall muß eine größere Kabellänge freigegeben werden, damit der Abbremsvorgang erst einsetzt, nachdem die Sonde den zu untersuchenden Tiefenbereich passiert hat.

Vertikale Wasserbewegungen durch interne Wellen haben naturgemäß einen unmittelbaren Einfluß auf die Sinkgeschwindigkeit frei fallender Sonden und sind daher mehrfach diskutiert worden, u. a. von MORTENSEN u. LANGE [17], DESAUBIES u. GREGG [4] und OSBORN [19]. Durch Messungen im offenen Ozean und in Fjorden konnten von DESAUBIES u. GREGG [4] Änderungen der mittleren Sinkgeschwindigkeit einer frei fallenden Mikrostruktursonde bis zu ± 3 cm/s nachgewiesen werden, die auf wechselnde Vertikalbewegungen des Wasserskörpers durch interne Wellen mit Periodendauern von ca. 10 bis 20 Minuten zurückzuführen sind. Das Vertikalprofil der Sinkgeschwindigkeit der Sonde zeigte dabei Schwingungen mit einer Wellenlänge von einigen 10 bis über 100 m. Ähnliche Ergebnisse zeigen die Untersuchungen von OSBORN [19]. Wegen der relativ hohen Sinkgeschwindigkeit von 0,5 m/s und der Messung in begrenzten Tiefenintervallen führen die oben diskutierten langperiodischen internen Wellen nicht zu merklichen Unregelmäßigkeiten in der Sinkgeschwindigkeit der Meßsonde der MSS während einer Sondierung. Sie bewirken lediglich eine nicht störende Variation der mittleren Sinkgeschwindigkeit von Sondierung zu Sondierung. Ein Beispiel dafür gibt Tab. 1.

TABELLE 1

Mittlere Sinkgeschwindigkeiten der Meßsonde der MSS bei der wiederholten Sondierung eines festen Tiefenintervalls in der Mecklenburger Bucht; Meßabstand ca. 5 Minuten

Sinkweg (in m)	Dauer des Sinkvorganges (in s)	Mittlere Sinkgeschwindigkeit (in m/s)
6,45	13,41	0,481
6,50	13,47	0,483
6,70	13,55	0,494
6,80	13,62	0,499

Neben den langperiodischen internen Wellen mit Amplituden von einigen Metern treten an scharfen internen Grenzschichten, wie sie für die westliche Ostsee charakteristisch sind, auch kurzperiodische interne Wellen mit geringeren Amplituden auf, die eine Variation der Sinkgeschwindigkeit der Meßsonde während einer Sondierung bewirken können. Aus einer Reihe von Publikationen, u. a. von WOODS [28], WOODS u. WILEY [30] und KRAUSS u. a. [13], sowie aus eigenen Untersuchungen (PRANDKE [20], [21]) ist bekannt, daß diese internen Wellen Amplituden von 10 bis 40 cm und Perioden von 90 Sekunden bis zu einigen Minuten aufweisen. Daraus ergeben sich vertikale Strömungskomponenten von maximal 0,004 m/s, die bei der mittleren Sinkgeschwindigkeit der Sonde von 0,5 m/s lediglich Unregelmäßigkeiten von weniger als 1% erzeugen können.

Starke horizontale Strömungen wirken in verschiedener Weise auf die Sinkgeschwindigkeit der Sonde. Neben der oben diskutierten Verdriftung des Tragekabels wird die Sonde stärker an die Führungsseile gedrückt. Die auftretenden Reibungskräfte führen zu einer Abbremsung der Sonde, die bei starken Stromscherungen zu einer merklichen Änderung der Sinkgeschwindigkeit während einer Sondierung führen kann. Bei Verwendung der von MENDE u. SIMON [16] angegebenen Formeln und Koeffizienten berechnet man bei einer horizontalen Strömungsgeschwindigkeit von 0,5 m/s eine Kraft von 3,52 N, mit der die Sonde seitlich gegen die Führungsseile gedrückt wird. Bei einem Reibungskoeffizienten zwischen Führungsstreben und Führungsseil von 0,11, der experimentell im Wassertank bestimmt wurde, ergibt sich für die Reibungskraft der Wert von 0,358 N. Diese vertikale Kraftkomponente, die ca. 1% der Gewichtskraft der Sonde im Wasser beträgt, reduziert die Sinkgeschwindigkeit um ca. 0,5% und ist somit von untergeordneter Bedeutung. Bei einer extrem starken Anströmung von 1 m/s beträgt dieser Wert ca. 2%.

Die bei seitlicher Anströmung auftretenden Änderungen der Sinkgeschwindigkeit der Sonde durch dynamische Auftriebskräfte (Sogwirkung) sind nur sehr schwer abschätzbar. Sie können zu einer Änderung der Sinkgeschwindigkeit während einer Sondierung führen, wenn die Sonde eine Grenzschicht mit ausgeprägter Stromscherung passiert. Auf dem Echogramm erscheint dann ein Knick in dem sonst geraden Fallweg der Sonde. Diese Effekte konnten bei zahlreichen Sondierungen von starken Sprungschichten mit der MSS festgestellt werden. Inwieweit sie ausschließlich von den dynamischen Auftriebskräften verursacht sind und welchen Anteil die Reibung an den Führungsseilen hat, läßt sich ohne genaue Kenntnis der Strömungsverhältnisse nicht abschätzen.

Die Bestimmung der Größe des Linearitätsfehlers einer Sondierung, der die Summe der oben diskutierten Störungen der mittleren Sinkgeschwindigkeit ist, läßt sich mit Hilfe des Echogramms der Sondierung durchführen. Dabei hat es sich als zweckmäßig erwiesen, den aus dem Echogramm bestimmbaren Winkel α zwischen dem angenommenen linearen Sinkweg, der mit der Vertikalen den Winkel β bildet, und dem tatsächlichen Sinkweg der Sonde als Parameter zu benutzen. Die geometrischen Verhältnisse sind in Abb. 12 skizziert. Bei der Gradientenberechnung wird der in der Zeitspanne Δt (Tastfolge) zurückgelegte Sinkweg SW (Schrittweite) verwendet, der auf der Grundlage einer konstanten Sinkgeschwindigkeit berechnet wurde. Tatsächlich hat die Sonde aber den Sinkweg SW_W zurückgelegt. Der Wert $|1 - SW/SW_W| \cdot 100$ ist dabei der prozentuale Fehler bei der Berechnung der Schrittweite und somit auch der Gradienten der gemessenen und berechneten Parameter. Der Quotient SW/SW_W berechnet sich nach der ein-

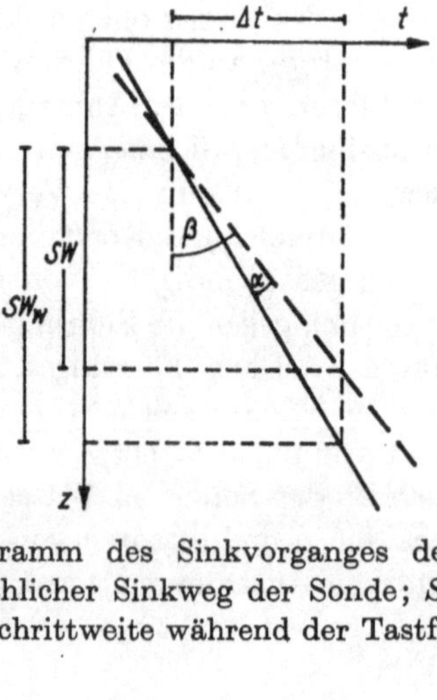

Abb. 12. Zeit-Tiefen-Diagramm des Sinkvorganges der Sonde. – – – Angenommener, ——— tatsächlicher Sinkweg der Sonde; SW angenommene, SW_W wahre Schrittweite während der Tastfolge Δt

fachen Beziehung

$$\frac{SW}{SW_W} = \frac{\tan(\beta - \alpha)}{\tan \beta}.$$

Von den im Sommer 1981 durchgeführten Sondierungen mit der MSS waren 13 geeignet zur sicheren Ausmessung der Winkel α und β (sondierter Tiefenbereich größer als 4 m). Die Tiefenbereiche dieser Sondierungen wiesen im Durchschnitt eine Mächtigkeit von ca. 10 m auf bei einem Maximalwert von 24,8 m. Der mittlere prozentuale Fehler der Schrittweite der ausgewerteten Sondierungen betrug 3,53%, der größte Fehler hatte den Wert von 5,14%.

Bei Berücksichtigung der im vorhergehenden Abschnitt angegebenen Werte läßt sich abschätzen, daß bei Tiefenintervallen mittlerer Stärke (ca. 10 m) und normalen Meßbedingungen der auf Unsicherheiten bei der Tiefenbestimmung und auf Störungen der mittleren Sinkgeschwindigkeit der Sonde zurückzuführende Gesamtfehler bei der Gradientenberechnung 5% nicht übersteigt. Bei ungünstigen Bedingungen (starker Seegang, starke Stromscherungen) muß mit einem Fehler bis zu 10% gerechnet werden.

7.4. Quantisierungsfehler

Bei jedem Meßvorgang mittels elektronischer Sensoren und digitaler Meßwerterfassung wird die relative Meßwertauflösung durch das Eigenrauschen der Sensoren und die Quantisierungsstufen der Analog-Digital-Umsetzung begrenzt. Bei den beiden Sensoren der MSS liegt der Rauschpegel bei dem Lastwiderstand $R_a = 2$ kOhm, also bei größter Verstärkung der elektronischen Schaltungen, bei maximal 0,7 mV. Der Quantisierungsfehler wird durch die Auflösung von 12 bit des verwendeten ADC bestimmt. Bei dem Eingangsspannungsbereich von 0 bis 5 V beträgt die kleinste Spannungsauflösung 1,221 mV. Damit ist bei der MSS die Meßwertauflösung praktisch durch das Quantisierungsrauschen und nicht durch die Rauschpegel der elektrischen Schaltungen der Sensoren festgelegt.

Da bei fester Spannungsauflösung des ADC von 1,221 mV mit den Lastwiderständen die Meßbereiche der Sensoren verändert werden können, ist bei der MSS der Quantisierungsfehler, der mit der relativen Meßwertauflösung identisch ist, eine Funktion der Bemessung von R_a.

Der Quantisierungsfehler des Temperatursensors, $\mathrm{d}T/\mathrm{d}U_{Tc}$, ist — unabhängig von der jeweiligen gemessenen Temperatur — nur von der Bemessung des Lastwiderstandes abhängig. Der funktionale Zusammenhang ist in Abb. 13 dargestellt. Bei dem Leitfähigkeitssensor ist der Quantisierungsfehler $\mathrm{d}C/\mathrm{d}U_{Cc}$ wegen des nichtlinearen Zusammenhanges zwischen der elektrischen Leitfähigkeit C und der Meßspannung U_c sowohl von R_a als

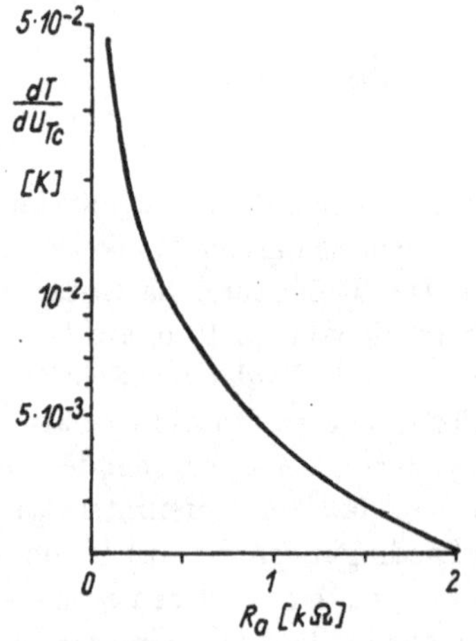

Abb. 13. Abhängigkeit des Quantisierungsfehlers des Temperatursensors von der Bemessung des Lastwiderstandes

auch von der jeweiligen Leitfähigkeit abhängig. Bei fest eingestelltem R_a gilt

$$\frac{\mathrm{d}C}{\mathrm{d}U_{Cc}} = \frac{b_1}{(b_0 + b_1 U_{Cc})^2}\,.$$

Mit

$$U_{Cc} = \frac{1/C - b_0}{b_1}$$

erhält man die einfache Beziehung

$$\frac{\mathrm{d}C}{\mathrm{d}U_{Cc}} = b_1 \cdot C^2\,,$$

die die Abhängigkeit des Quantisierungsfehlers vom jeweiligen Wert der elektrischen Leitfähigkeit und über den Koeffizienten b_1 vom Lastwiderstand R_a angibt. Abb. 14 zeigt den funktionalen Zusammenhang zwischen $\mathrm{d}C/\mathrm{d}U_{Cc}$ und R_a bei verschiedenen Leitfähigkeiten. Aus dieser und aus Abb. 13 ist ersichtlich, daß bei beiden Sensoren der Lastwiderstand R_a entsprechend dem notwendigen Meßbereich so groß wie möglich gewählt werden muß, um die Quantisierungsfehler zu minimieren. Bei einer Messung über den vollen Meßbereich des Temperatursensors von 0 bis 30 °C kann R_a maximal 0,5 kOhm betragen. Damit ergibt sich eine Meßwertauflösung von ca. $8{,}5 \times 10^{-3}$ K, die den gestellten Anforderungen genügt.

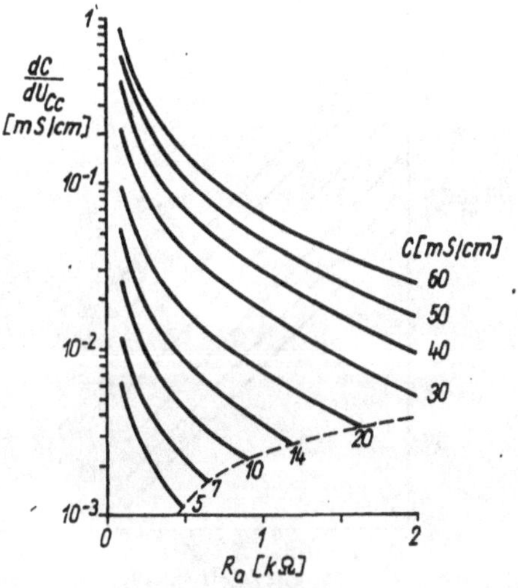

Abb. 14. Abhängigkeit des Quantisierungsfehlers des Leitfähigkeitssensors von der Bemessung des Lastwiderstandes für verschiedene Leitfähigkeiten

Der für Messungen in der Ostsee notwendige Gesamtmeßbereich des Leitfähigkeitssensors muß von 5 bis 30 mS/cm reichen. Für diesen Meßbereich ist ein maximaler Lastwiderstand von 0,7 kOhm möglich. Damit wäre für Leitfähigkeiten über 20 mS/cm die notwendige Meßwertauflösung von 1×10^{-2} mS/cm nicht gegeben. Da in der Praxis bei der Sondierung von Sprungschichten in der Ostsee Leitfähigkeitsänderungen von maximal 15 mS/cm auftreten, kann durch eine entsprechende Bemessung von R_a die notwendige Meßwertauflösung erreicht werden.

Der Einfluß der Quantisierungsfehler der beiden Sensoren auf die Quantisierungsstufen bei der Gradientenberechnung wird durch Abb. 15 verdeutlicht, in der der Zusammenhang zwischen der Schrittweite und den Quantisierungsstufen bei verschiedenen Quantisierungsfehlern der Meßwerte dargestellt ist. Hieraus ist ablesbar, daß bei mittleren Quantisierungsstufen der Temperatur von 7×10^{-3} K und der elektrischen Leitfähigkeit von 5×10^{-3} mS/cm, wie sie für Sondierungen in der Ostsee charakteristisch sind, bei Schrittweiten von ca. 5 mm und größer die Quantisierungsstufen der Gradienten im Bereich 1 K/m bzw. 1 (mS/cm)/m und kleiner liegen. Bei den mittleren Gradienten in den untersuchten Sprungschichten von 20 bis 100 K/m bzw. von 10 bis 70 (mS/cm)/m ist diese Meßwertauflösung der Gradienten hinreichend zur Erfassung der Struktur der Sprungschichten. Ein Beispiel dafür ist in Abb. 16 dargestellt. Das Gradientenprofil der schwachen, aber scharfen Temperatursprungschicht ist bei der Schrittweite von 1 mm

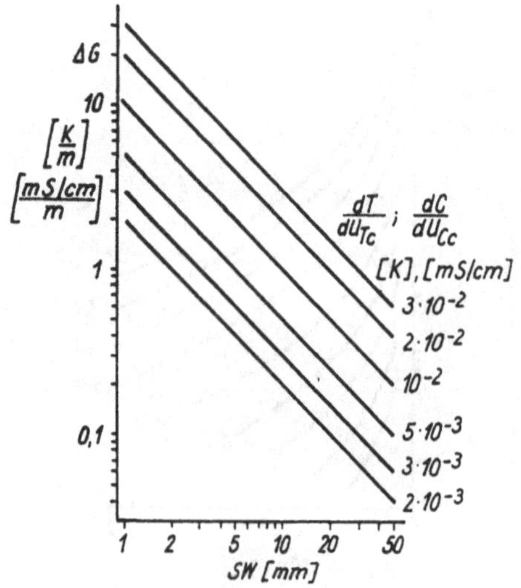

Abb. 15. Abhängigkeit der Quantisierungsstufen ΔG der berechneten Temperatur- und Leitfähigkeitsgradienten von der Schrittweite SW für verschiedene Quantisierungsfehler der Sensoren

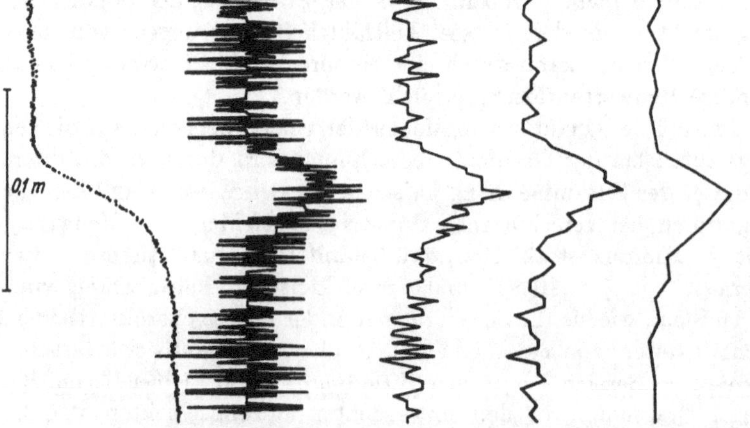

Abb. 16. Vertikalprofile der Temperatur (unkorrigiert) und der für verschiedene Schrittweiten berechneten Temperaturgradienten einer schwachen Temperatursprungschicht in der Arkonasee, aufgenommen am 20. 6. 1981 in 39 m Wassertiefe

durch die relativ großen Quantisierungsstufen stark verrauscht. Bei Schrittweiten ab 4 mm erhält man gut auswertbare Profile ohne erkennbare Verringerung der Vertikalauflösung. Werden mittlere Gradienten über größere Schrittweiten als 10 mm berechnet, so tritt eine zunehmende Reduzierung der vertikalen Auflösung der Schichtstrukturen auf. Dieser Effekt ist erkennbar an der Verringerung der berechneten maximalen Gradienten im Bereich der Sprungschicht.

7.5. Dynamische Fehler

Bedingt durch die Trägheit einer Meßeinrichtung, werden zeitliche bzw. räumliche Strukturen der gemessenen Größen gedämpft wiedergegeben. Der Zusammenhang zwischen der Stärke der Dämpfung und der Frequenz bzw. der Wellenzahl wird durch die Übertragungsfunktion des Meßsystems ausgedrückt. In Abhängigkeit vom Grad der Dämpfung, der von dem Antwortverhalten des Systems bestimmt wird, hat dies eine Verringerung der zeitlichen und räumlichen Meßwertauflösung und der tatsächlichen Gradienten der Meßgrößen zur Folge. Wenn das dynamische Ansprechverhalten des Meßsystems bekannt ist, läßt sich dieser Effekt durch eine dynamische Korrektur kompensieren.

Aus dem Verlauf der Übertragungsfunktion der MSS (Gl. (5)), der in Abb. 17 dargestellt ist, läßt sich leicht erkennen, daß eine dynamische Korrektur der mit diesem Meßsystem gewonnenen Vertikalprofile der Temperatur und der elektrischen Leitfähigkeit notwendig ist, um die Strukturen im Dezimeter- und Zentimeterbereich weitestgehend ungedämpft zu erfassen. Da der Temperatur- und der Leitfähigkeitssensor der MSS ein nahezu identi-

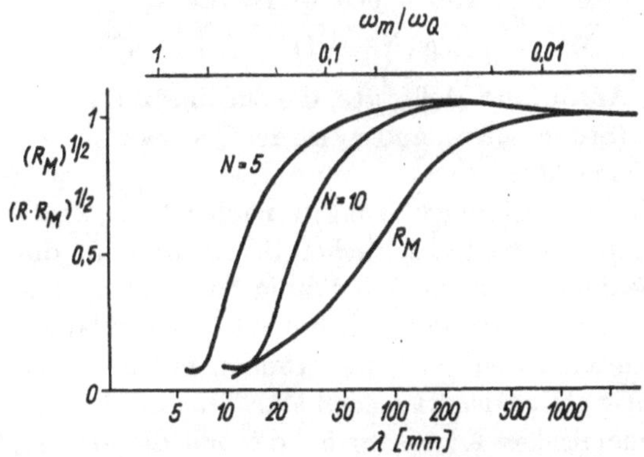

Abb. 17. Frequenzabhängigkeit der Übertragungsfunktion des Meßsystems, R_M, sowie der resultierenden Übertragungsfunktion $R_M \cdot R$ des Systems Meßgerät + + dynamische Korrektur für die Stützstellenzahlen $N = 5$ und $N = 10$

sches dynamisches Ansprechverhalten aufweisen, können beide Meßreihen in der gleichen Weise dynamisch korrigiert werden. Die folgende Diskussion der dynamischen Korrektur des Temperatursensors gilt somit gleichermaßen für den Leitfähigkeitssensor.

Das Zeitverhalten des Temperatursensors (und ebenso des Leitfähigkeitssensors) kann, wie im folgenden Abschnitt gezeigt wird, mit der Differentialgleichung 1. Ordnung

$$\frac{\mathrm{d}T}{\mathrm{d}t} = \frac{1}{\tau}(T_0 - T) \tag{1}$$

beschrieben werden, wobei τ die Responsezeit des Sensors, T_0 die wahre Temperatur und T die gemessene Temperatur sind. Durch Umstellung ergibt sich für T_0 die Beziehung

$$T_0 = T + \tau \frac{\mathrm{d}T}{\mathrm{d}t}. \tag{2}$$

Diese einfache Berechnungsvorschrift zur Bestimmung der wahren Temperatur aus der gemessenen ist wegen der Digitalisierung der Meßwerte nicht anwendbar. Sie führt zu einer starken Erhöhung des Quantisierungsrauschens, das nur durch eine Glättung der Temperaturprofile unterdrückt werden kann. Von Fofonoff u. a. [5] wird diese Glättung (Tiefpaßfilterung) durch eine lineare Regression zur Bestimmung von $\mathrm{d}T/\mathrm{d}t$ durchgeführt. Bei Anwendung dieses Verfahrens erhält man für T_0 die Beziehung

$$T_0 = \sum_{n-1}^{N} a_n T_n \tag{3}$$

mit

$$a_n = \frac{1}{N} + n_L \frac{12n - 6(N+1)}{N(N^2-1)}; \qquad \sum_{n-1}^{N} a_n = 1. \tag{4}$$

Dabei ist N die Anzahl der Meßwerte, die zur linearen Regression mit herangezogen werden (Stützstellen), und n_L ist der Quotient aus der Zeitkonstanten τ und der Tastfolge Δt.

Gegenüber der Berechnungsvorschrift nach Gl. (2) wird bei Anwendung von (3) die Dämpfung der tatsächlichen Strukturen, die durch die Trägheit der Sensoren bedingt ist, nicht vollständig kompensiert, da durch die Tiefpaßfilterung die Strukturen mit abnehmender Wellenlänge eine zusätzliche Dämpfung erfahren. Dabei wird mit abnehmendem N die Dämpfung geringer, gleichzeitig steigt das Rauschen stark an. Für die praktische Durchführung der dynamischen Korrektur bei den mit der MSS registrierten Meßreihen muß also ein Kompromiß zwischen der Stärke des Rauschens und der Reduzierung der Dämpfung der Strukturen im Zentimeterbereich gewählt werden.

Die Abschätzung der nach der dynamischen Korrektur noch verbleibenden Dämpfung kann mit Hilfe der Übertragungsfunktion des Meßsystems und der Korrekturfunktion im Frequenzraum durchgeführt werden. Das Produkt aus beiden Übertragungsfunktionen ist eine Funktion der Frequenz bzw. der Wellenzahl und gibt an, in welchem Verhältnis die Energie bzw. die Amplituden der gemessenen zu den tatsächlichen vertikalen Strukturen stehen. Nach FOFONOFF u. a. [5] ergibt sich für die Übertragungsfunktion eines Sensors, dessen Zeitverhalten mit Gl. (1) beschrieben werden kann, die Beziehung

$$R_M = \frac{1}{1 + \pi^2 n_L^2 (\omega_m/\omega_Q)^2}, \tag{5}$$

wobei $\omega_Q = \pi/\Delta t$ die NYQUIST-Frequenz ist. Die inverse Übertragungsfunktion R_M^{-1} des Meßsystems ist die Übertragungsfunktion der Korrekturfunktion nach (2). Das Produkt aus beiden Übertragungsfunktionen ergibt den Wert 1 für alle Frequenzen ω_m, d. h., alle Strukturen werden unabhängig von ihrer vertikalen Wellenlänge ungedämpft wiedergegeben.

Die Übertragungsfunktion der Korrekturfunktion nach Gl. (3) lautet

$$R = \varphi(N, \sigma) + 9n_L^2 \left[\frac{\varphi(N-1, \sigma) - \varphi(N+1, \sigma)}{N \sin \sigma}\right]^2$$

mit

$$\varphi(N, \sigma) = \frac{\sin N\sigma}{N \sin \sigma}$$

und

$$\sigma = \frac{\pi}{2} (\omega_m/\omega_Q).$$

Das Produkt $R_m \cdot R$ ist in dem betrachteten Frequenzbereich nahezu unabhängig von n_L und wird nur durch die Größe von N und den Quotienten ω_m/ω_Q bestimmt. Der funktionale Zusammenhang ist in Abb. 17 für $N = 5$ und $N = 10$ dargestellt. Hieraus ist ersichtlich, daß durch die dynamische Korrektur eine wesentliche Verbesserung der Übertragungseigenschaften des Meßsystems im Mikrostrukturbereich erreicht wird, wobei bei $N = 5$ Strukturen mit vertikaler Wellenlänge über 20 mm im wesentlichen ungedämpft wiedergegeben werden. Bei $N = 10$ gilt dies für Wellenlängen über 40 mm. Die Anwendung dieser beiden Korrekturen auf einen Tiefenbereich ohne Temperaturänderungen außer dem Quantisierungsrauschen (Abb. 18) zeigt aber, daß bei $N = 5$ eine starke Erhöhung des Rauschens auftritt, während bei $N = 10$ der Rauschpegel nahezu unverändert bleibt (siehe auch Tab. 2). Damit ist die Anwendung der Korrekturfunktion mit $N = 5$ in Tiefenbereichen mit geringer Gesamtänderung der Temperatur, aber ausge-

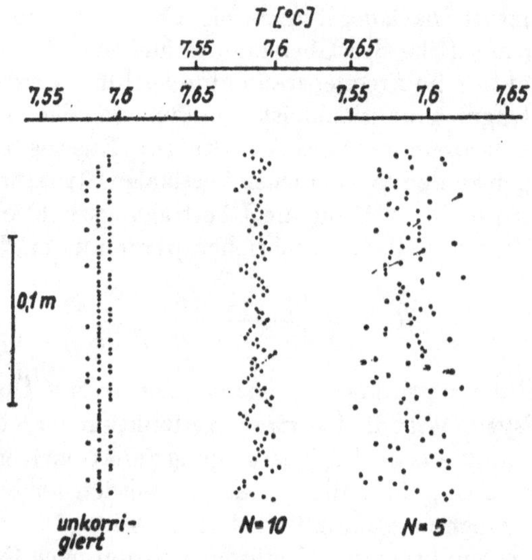

Abb. 18. Vertikalprofile der unkorrigierten und der dynamisch korrigierten Temperatur (Stützstellenzahlen $N = 5$ und $N = 10$) in einem Tiefenbereich mit verschwindendem mittlerem Temperaturgradienten

prägter aktiver Schichtung, wo ein ungünstiges Signal-Rausch-Verhältnis vorhanden ist, kaum möglich. Hier muß mit $N = 10$ korrigiert werden. In Tiefenbereichen mit großen Temperaturänderungen, also besserem Signal-Rausch-Verhältnis, kann eine Korrektur mit $N = 5$ angewendet werden.

Um eine möglichst einheitliche Validation der mit der MSS gewonnenen Meßreihen zu erreichen, wurde anhand der mit diesem Meßsystem aufgenommenen Vertikalprofile untersucht, ob eine dynamische Korrektur mit $N = 10$ für alle in der Ostsee gewonnenen Meßreihen eine hinreichende Kompensation des Antwortverhaltens der Sensoren liefert. Dazu wurden die jeweils größten, über 10 mm gemittelten Gradienten in einigen ausgeprägten Sprungschichten unterschiedlicher Stuktur verglichen, die bei den unkorrigierten und den mit $N = 5$ und $N = 10$ dynamisch korrigierten Vertikalprofilen berechnet wurden.

In Tab. 2 sind für drei verschiedene charakteristische Beispiele von ausgeprägten Temperatursprungschichten die Werte dieser Gradienten zusammengestellt. Die Untersuchung zeigte, wie auch aus dieser Tabelle ersichtlich ist, daß die in den Sprungschichten berechneten Gradienten bei der dynamischen Korrektur mit $N = 10$ deutlich größer sind als bei den nicht korrigierten Profilen. Dieser Effekt ist besonders deutlich in Tiefenbereichen mit aktiver Schichtung. Hier waren die nach der dynamischen Korrektur berechneten Gra-

TABELLE 2

Ausgewählte Beispiele zur Demonstration des Einflusses der dynamischen Korrektur auf das Quantisierungsrauschen und auf die Größe der berechneten Temperaturgradienten verschiedener Sprungschichten. Es sind die jeweils größten, über 10 mm gemittelten Gradienten der Sprungschichten zusammengestellt

	Unkorrigiert	Dynamisch korrigiert	
		$N = 10$	$N = 5$
Varianz der Temperaturwerte in einem Tiefenbereich mit verschwindendem mittlerem Temperaturgradienten (nur Quantisierungsrauschen)	1	1,07	10,21
Maximaler Temperaturgradient (in K/m) einer schwach strukturierten Sprungschicht mit einer Gesamtänderung der Temperatur um 4 K	53,7	69,83	71,64
Maximaler Temperaturgradient (in K/m) einer scharfen Sprungschicht ohne innere Struktur mit einer Gesamtänderung der Temperatur um 10 K	86	103,3	111,6
Maximaler Temperaturgradient (in K/m) im Bereich aktiver Schichtung mit einer Gesamtänderung der Temperatur um 1,5 K	5,8	17,7	21

dienten bis zu 4mal größer als bei den unkorrigierten Werten, während sie bei Sprungschichten ohne ausgeprägte innere Struktur im Durchschnitt ca. 30% höher lagen. Die dynamische Korrektur mit $N = 5$, bei der die Dämpfung des Meßsystems bis hin zu den kleinsten stabilen Strukturen fast vollständig kompensiert ist, lieferte gegenüber der mit $N = 10$ nur wenig höhere Gradienten. In den Sprungschichten waren sie im Durchschnitt um ca. 9% größer, wobei die Unterschiede im Bereich aktiver Schichtung in Einzelfällen bis zu 20% betrugen und bei wenig strukturierten Sprungschichten bei ca. 3 bis 6% lagen. In Tiefenbereichen ohne ausgeprägte Sprungschichten waren nur unwesentliche Unterschiede in den Gradienten zwischen den Korrekturen mit $N = 5$ und mit $N = 10$ vorhanden.

Dieses Ergebnis zeigt, daß für die Untersuchung der Struktur der thermohalinen Schichtung in der Ostsee die von der MSS gelieferten und nach Gl. (3) mit $N = 10$ dynamisch korrigierten Meßreihen in den meisten Fällen ein den tatsächlichen Schichtungsstrukturen hinreichend adäquates Abbild liefern. Dabei liegen die berechneten Gradienten in den ausgeprägten Sprung-

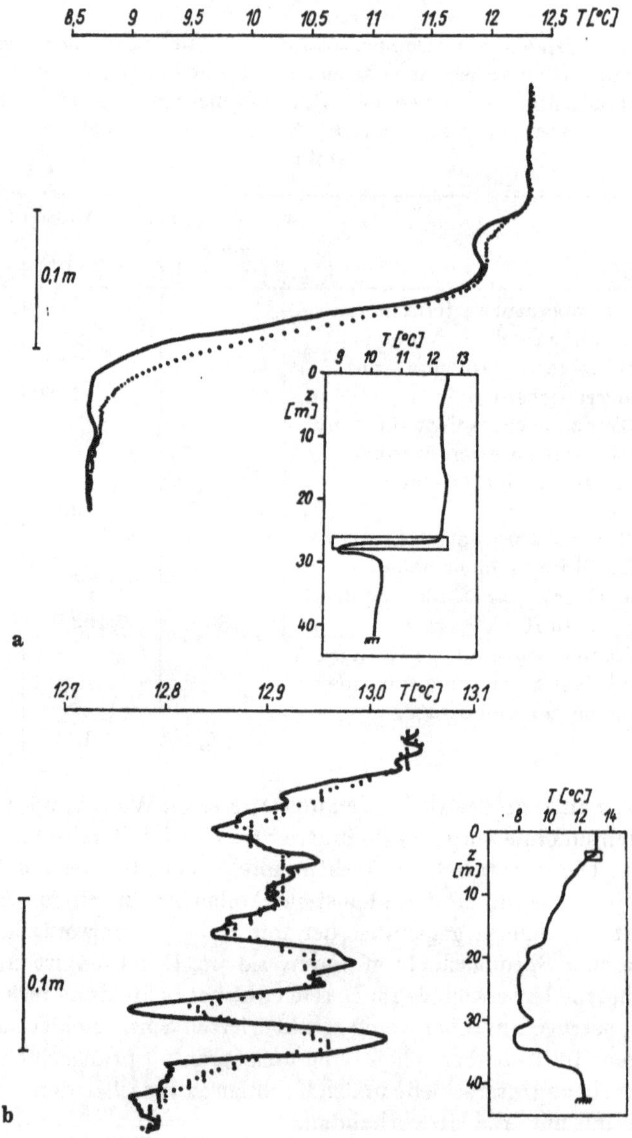

Abb. 19. Vertikalprofile der unkorrigierten (••••) und der korrigierten Temperatur (———) in der Arkonasee. **a** Temperatursprungschicht, aufgenommen am 18. 6. 1981 in 26,5 m Wassertiefe; **b** oberflächennahe Temperatursprungschicht mit ausgeprägter aktiver Schichtung, aufgenommen am gleichen Tage in 4,5 m Wassertiefe

schichten um ca. 9% unter den tatsächlichen Werten. Im Tiefenbereich mit schwachen Gradienten und ohne ausgeprägte aktive Schichtung wird das dynamische Ansprechverhalten der Sensoren durch die dynamische Korrektur mit $N = 10$ nahezu vollständig kompensiert; wodurch die berechneten Gradienten mit den wahren praktisch übereinstimmen. Bei sehr stark ausgeprägter Schichtung ist eine Korrektur mit $N = 5$ vorzunehmen, sofern das Signal-Rausch-Verhältnis dies zuläßt.

In Abb. 19a, b werden zwei Beispiele für die Wirkung der dynamischen Korrektur ($N = 10$) vorgeführt. Abb. 19a zeigt eine scharfe Temperatursprungschicht mit schwacher innerer Struktur, in Abb. 19b wird ein Ausschnitt aus einem Tiefenbereich mit ausgeprägter aktiver Schichtung dargestellt.

7.6. Räumliche Response

Neben der Dämpfung der tatsächlichen Strukturen durch die Trägheit der Sensoren wird ein derartiger Effekt auch durch die geometrischen Abmessungen der Meßfühler erzeugt. Jeder Meßfühler bewirkt praktisch eine räumliche Mittelung des von ihm erfaßten Parameters, wobei die Mittelungsweite von den Abmessungen des Meßfühlers abhängig ist. Ein geeignetes Maß für die auf diese Weise erfolgende Dämpfung der vorhandenen Schichtungsstrukturen ist die räumliche Response. Unter der Annahme, daß der Meßfühler nur eine eindimensionale Bewegung in der Sondierungsrichtung ausführt, der zu bestimmende Parameter längs des Meßfühlers gleichgewichtet wird und kein Beitrag zum Meßwert aus der Umgebung des Meßfühlers stammt, wird von Washburn u. Gibson [27] die Gleichung

$$H(k) = \left(\frac{\sin \pi\, kL}{\pi\, kL}\right)^2$$

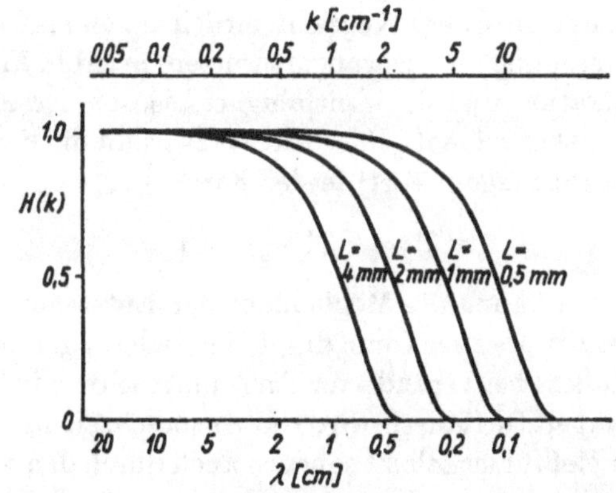

Abb. 20. Räumliche Response eines Meßfühlers der Länge L in Sondierungsrichtung als Funktion der Wellenlänge λ bzw. der Wellenzahl k

zur Bestimmung der räumlichen Response angegeben. Dabei ist k die Wellenzahl und L die Abmessung des Meßfühlers in Sondierungsrichtung. Dieser funktionale Zusammenhang zwischen der Wellenzahl k bzw. der Wellenlänge λ und der räumlichen Response ist in Abb. 20 für verschiedene Meßfühlerabmessungen dargestellt. Hieraus ist ersichtlich, daß für eine nahezu unverfälschte Erfassung von Schichtungsstrukturen bis in den Bereich 1 cm die Abmessung der Meßfühler in Sondierungsrichtung den Wert von 1 mm nicht wesentlich übersteigen darf. Diese Bedingung ist bei der MSS sowohl beim Temperatur- als auch beim Leitfähigkeitssensor erfüllt. Somit tritt hier keine merkliche Dämpfung der tatsächlichen Gradienten durch die Geometrie der Meßfühler auf.

7.7. Salzspikes

Bei der Berechnung des Salzgehaltes und damit auch weiterer Größen, wie der Dichte und der Schallgeschwindigkeit, aus den Meßwerten der Temperatur und der elektrischen Leitfähigkeit treten Fehler auf, wenn das dynamische Ansprechverhalten der beiden Sensoren nicht identisch ist. Diese Fehler werden besonders deutlich in Tiefenbereichen mit hohen Gradienten der Temperatur und der elektrischen Leitfähigkeit. Auf dem Vertikalprofil des Salzgehaltes erscheinen sie in den Sprungschichtbereichen als singuläre Spikes (Salzspikes) und erzeugen hier völlig irreale Gradienten. Derartige Effekte treten bei der Messung mit STD-Sonden häufig auf und waren daher mehrfach Gegenstand spezieller Untersuchungen, u. a. von HORNE u. TOOLE [11]. Bei der MSS wurde versucht, durch gleiches dynamisches und räumliches Ansprechverhalten der Sensoren diese Fehlerquelle weitestgehend zu vermeiden, indem beide Meßfühler durch entsprechenden geometrischen Aufbau in gleicher Weise vom Wasser umspült werden und die Ansprechzeiten der Sensoren auf elektronischem Wege einheitlich auf 40 ms festgelegt wurden. Wie aus der Darstellung der Sprungantworten in Abb. 21 ersichtlich ist, zeigen der Temperatur- und der Leitfähigkeitssensor der MSS bei gleicher Ansprechzeit ein nahezu identisches Antwortverhalten, das mit einer Exponentialfunktion (Sprungantwort) in der Form

$$T = T_0(1 - e^{-t/\tau})$$

approximiert werden kann. Die Möglichkeit der Entstehung von Salzspikes bei der MSS ist somit praktisch nur durch Veränderungen der Ansprechzeit des Temperaturfühlers bei veränderter Anströmgeschwindigkeit gegeben.

Bei Miniaturtemperaturfühlern wird die Ansprechzeit nicht nur durch die Wärmeleitung im Meßfühler selbst, sondern auch durch den Wärmeaustausch mit dem umgebenden Medium bestimmt, der durch die Dicke der laminaren Grenzschicht auf der Fühleroberfläche begrenzt wird. Mit ansteigender

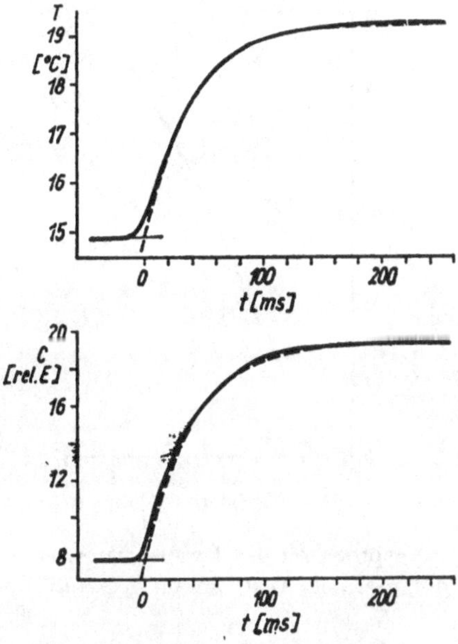

Abb. 21. Sprungantworten des Temperatur- und des Leitfähigkeitssensors beim schnellen Eintauchen der Meßfühler in Wasser, Anströmgeschwindigkeit im Wasser ca. 0,5 m/s; ——— mit $\tau = 40$ ms berechnete exponentielle Sprungantworten

$$T = T_0(1 - e^{-t/\tau}) \quad \text{bzw.} \quad C = C_0(1 - e^{-t/\tau})$$

Relativgeschwindigkeit des Meßfühlers zum umgebenden Medium nimmt die Dicke der Grenzschicht und damit auch die Ansprechzeit ab. Dieser Effekt tritt bei der MSS in abgeschwächter Form auf, da die Gesamtansprechzeit des Temperatursensors sich aus der Ansprechzeit des Meßfühlers von 27 ms, die bei einer Anströmung von ca. 0,5 m/s bestimmt wurde, und der zusätzlichen Verzögerung durch die kapazitive Beschaltung des Eingangsverstärkers in der Bordeinheit zusammensetzt.

Die Änderung der Ansprechzeit des Temperaturfühlers wird neben der Variation der mittleren Sinkgeschwindigkeit der Sonde im wesentlichen durch wechselnde horizontale Strömungen verursacht, die zu unterschiedlichen resultierenden Anströmungen der Meßfühler führen. Nach Gregg u. Meagher [9] ändert sich die Ansprechzeit von Miniaturtemperaturfühlern, die etwa die gleichen Abmessungen haben wie das bei der MSS verwendete Mantelthermoelement, in dem hier betrachteten Bereich der Anströmgeschwindigkeit v in der Form

$$\tau = \tau_0 v^{-0,32} .$$

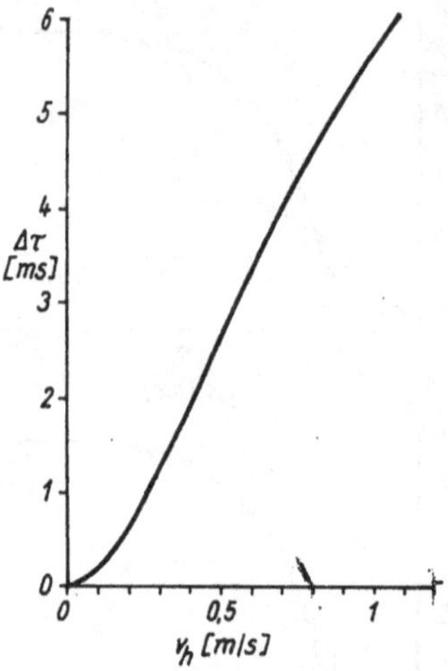

Abb. 22. Änderung der Ansprechzeit des Temperatursensors in Abhängigkeit von der horizontalen Anströmung des Meßfühlers

Bei Annahme dieser Geschwindigkeitsabhängigkeit und bei Berücksichtigung des Anteils der Trägheit des Temperaturfühlers an der Gesamtansprechzeit ergibt sich für den Temperatursensor der MSS die in Abb. 22 dargestellte Änderung der Ansprechzeit mit der Größe der horizontalen Strömung.

Der Einfluß der Variation der Ansprechzeit des Temperatursensors auf die Größe des Fehlers bei den berechneten Salzgehalten ist von der Stärke des Temperaturgradienten in dem untersuchten Sprungschichtbereich abhängig. In Abb. 23 ist der abgeschätzte Zusammenhang zwischen den auf das Antwortverhalten des Temperatursensors zurückzuführenden Fehlern bei der Salzgehaltsberechnung und den Temperaturgradienten bei verschiedenen Abweichungen der tatsächlichen von der bei $v = 0{,}5$ m/s bestimmten Ansprechzeit dargestellt. Dabei erfolgte die Berechnung des Salzgehaltes nach der dynamischen Korrektur der Temperatur- und Leitfähigkeitswerte. Aus dieser und Abb. 22 ist ersichtlich, daß bei seitlicher Strömung bis 0,5 m/s und bei Temperaturgradienten bis 100 K/m die hier diskutierten Fehler im Salzgehalt unter $1{,}5 \times 10^{-2}$ ‰ liegen und somit praktisch keine Verfälschungen der Gradienten der aus den gemessenen Temperatur- und Leitfähigkeitswerten berechneten Größen auftreten. Ein Beispiel dafür zeigt Abb. 24, in der Vertikalprofile der Temperatur und der elektrischen Leitfähigkeit sowie das aus diesen Größen berechnete Vertikalprofil des Salzgehaltes für eine sehr starke thermohaline Sprungschicht dargestellt sind. Im Salzgehaltsprofil sind auch im Bereich der stärksten Gradienten keine Spikes zu erkennen.

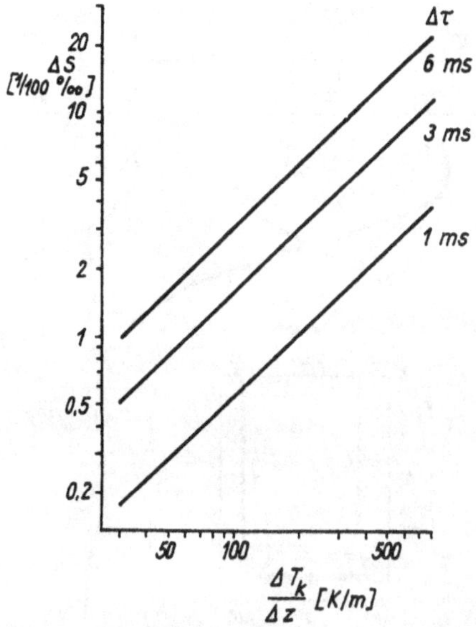

Abb. 23. Zusammenhang zwischen der Größe des Temperaturgradienten und dem auf das Antwortverhalten des Temperatursensors zurückzuführenden Fehler der berechneten Salzgehaltswerte für verschiedene Abweichungen der Ansprechzeit des Temperatursensors von seinem Nennwert von 40 ms

8. Einsatzerfahrungen mit der MSS

Die Mikrostruktursonde MSS wurde in den Jahren 1981, 1982 und 1983 auf mehreren ozeanologischen Expeditionen auf den Forschungsschiffen „Alexander von Humboldt“ und „Professor Albrecht Penck“ in der Ostsee und im tropischen Atlantik eingesetzt. Die Arbeiten in der Ostsee dienten der Untersuchung der thermohalinen Schichtung, insbesondere der Struktur der Temperatur- und Salzgehaltssprungschichten. Dazu wurden einige hundert Sondierungen mit der MSS durchgeführt. Erste Ergebnisse dieser Untersuchungen wurden von PRANDKE [22] vorgestellt. Im Atlantik wurde die Sonde zur Registrierung von hochaufgelösten Temperaturprofilen im Rahmen von speziellen Untersuchungen der Windmischungsschicht eingesetzt. Bei allen durchgeführten Experimenten mit der MSS gab es keine wesentlichen technischen Ausfälle des Gerätes. Das Meßsystem erwies sich im Routinemeßeinsatz als sehr sicher und zuverlässig.

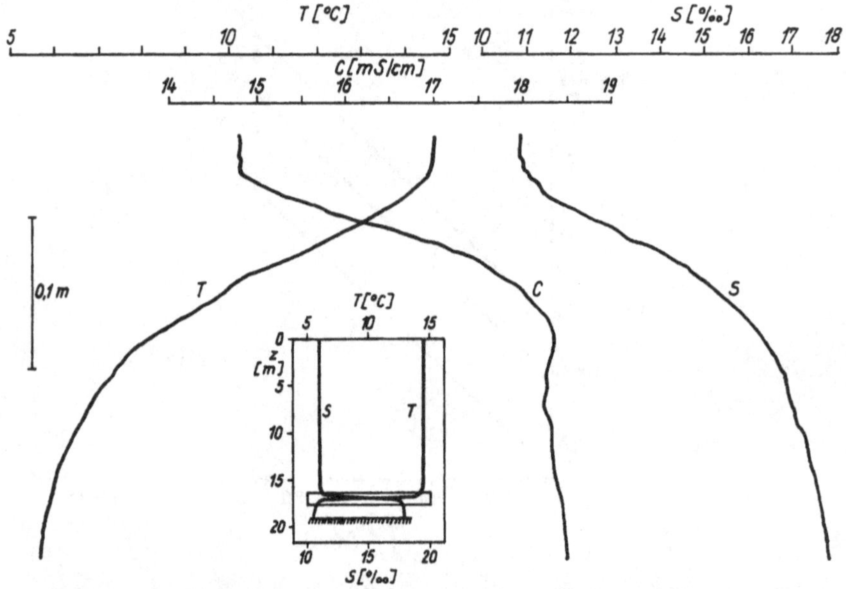

Abb. 24. Vertikalprofile der Temperatur und der elektrischen Leitfähigkeit sowie des aus diesen Parametern berechneten Salzgehaltes einer scharfen thermohalinen Sprungschicht in der Mecklenburger Bucht, aufgenommen am 14. 6. 1981 in 17,5 m Wassertiefe (1,5 m über Grund)

Literatur

[1] CALDWELL, D. R., WILCOX, S. D., u. M. MATSLER, A Free Falling Probe for Small-Scale Temperature Gradients. Limnol. and Oceanogr. **20** (1975), 1034—1042.

[2] DEBLER, W. R., u. C. M. VEST, Observations of a Stratified Flow by Means of Holographic Interferometry. Proc. royal Soc. London A **358** (1977), 1—16.

[3] DENNER, W. W., NEAL, V. T., u. S. J. NESHYBA, A Modification of the Expendable Bathythermograph for Thermal Microstructure Studies. Deep-Sea Res. **18** (1971), 375—378.

[4] DESAUBIES, Y. J. F., u. M. C. GREGG, Observation of Internal Wave Vertical Velocities by a Free-Fall Vehicle. Deep-Sea Res. **25** (1978), 933—946.

[5] FOFONOFF, N. P., HAYES, S. P., u. R. C. MILLARD jr., W.H.O.I./Brown CTD Microprofiler: Methods of Calibration and Data Handling. Woods Hole oceanogr. Inst., Techn. Rep. 74—89 (1974).

[6] FRASSETTO, R., A Preliminary Survey of the Thermal Microstructure in the Strait of Gibraltar. Deep-Sea Res. **7** (1960), 152—162.

[7] GREGG, M. C., Microstructure Patches in the Thermocline. J. phys. Oceanogr. **10** (1980), 915—943.

[8] GREGG, M. C., u. C. S. COX, Measurements of the Oceanic Microstructure of Temperature and Electrical Conductivity. Deep-Sea Res. **18** (1971), 925 to 934.

[9] GREGG, M. C., u. T. B. MEAGHER, The Dynamic Response of Glass Rod Thermistors. J. geophys. Res. **85** (1980), 2779—2786.

[10] GREGG, M. C., MEAGHER, T. B., PEDERSON, A., u. E. AAGAARD, Low Noise Temperature Microstructure Measurements with Thermistors. Deep-Sea Res. **25** (1978), 843—856.

[11] HORNE, E. P. W., u. J. M. TOOLE, Sensor Response Mismatches and Lag Correction Techniques for Temperature-Salinity Profilers. J. phys. Oceanogr. **10** (1980), 1122—1130.

[12] KALLE, K., Zur Frage der inneren thermischen Unruhe des Meeres. Dt. hydrogr. Z. **6** (1953), 145—170.

[13] KRAUSS, W., KOSKE, P., u. J. KIELMANN, Observations on Scattering Layers and Thermoclines in the Baltic Sea. Kieler Meeresforsch. **29** (1973), 85—89.

[14] LIEBERMANN, L., The Effect of Temperature Inhomogenities in the Ocean on the Propagation of Sound. J. acoust. Soc. Amer. **23** (1951), 563—570.

[15] MARMORINO, G. O., u. D. R. CALDWELL, Horizontal Variations of Vertical Temperature Gradients Measured by Thermocouple Arrays. Deep-Sea Res. **25** (1978), 221—230.

[16] MENDE, D., u. G. SIMON, Physik — Gleichungen und Tabellen, 6. Aufl., VEB Fachbuchverlag, Leipzig 1976.

[17] MORTENSEN, A. C., u. R. E. LANGE, Design Considerations of Wing Stabilized Free-Fall Vehicles. Deep-Sea Res. **23** (1976), 1231—1240.

[18] NASMYTH, P. W., Turbulence and Microstructure in the Upper Ocean. Mém. Soc. royal Sci. Liége (Ser. 6) **4** (1973), 47—56.

[19] OSBORN, T. R., The Design and Performance of Free-Fall Microstructure Instruments of the Institute of Oceanography, University of British Columbia. IOUBC Manuscr. Rep. No. **30** (1978).

[20] PRANDKE, H., Die Möglichkeit der Ortung von Dichtesprungschichten mittels Echoloten. Wiss.-techn. Ber. Inst. Meereskd. d. AdW d. DDR 1978 (unveröff.).

[21] PRANDKE, H., Auswertung der im Jahre 1979 durchgeführten experimentellen Untersuchungen in der westlichen Ostsee. Wiss.-techn. Ber. Inst. Meereskd. d. AdW d. DDR 1980 (unveröff.).

[22] PRANDKE, H., Mikrostrukturuntersuchungen in der Ostsee. Seewirtsch. 2 (1983), 91—96.

[23] SCHROEDER, R., Die Ansprechzeit von Miniatur-Manteltheromoelementen. Motortechn. Z. **25** (1964) 7, 297—299.

[24] SIMPSON, J. H., A Free Fall Probe for Measurements of Velocity Microstructure. Deep-Sea Res. **19** (1972), 331—336.

[25] SOLBERG, D. M., Dynamische Temperaturmessung. Einfach herstellbare Thermistor-Temperaturfühler mit sehr kleinen Zeitkonstanten und linearen Kennlinien. Arch. techn. Messen, Blatt J 223-4 (1975), 191—192.

[26] URICK, R. J., u. S. W. SEARFOSS, The Microthermal Structure of the Ocean near Key West, Florida, Part I: Description. Naval Res. Lab., Rep. No. S-3392 (1948).
[27] WASHBURN, L., u. C. H. GIBSON, Measurements of Oceanic Temperature Microstructure Using a Small Conductivity Sensor. J. geophys. Res. **87** (1982) G6, 4230–4240.
[28] WOODS, J. D., Wave-Induced Shear Instability in the Summer Thermocline. J. Fluid Mech. **32** (1968), 791–800.
[29] WOODS, J. D., On Designing a Probe to Measure Ocean Microstructure. Underwater Sci. and Technol. J. **1** (1969), 6–12.
[30] WOODS, J. D., u. R. L. WILEY, Billow Turbulence and Ocean Microstructure. Deep-Sea Res. **19** (1972), 87–121.

Acta Hydrophysica, Berlin	Bd. XXIX	H. 2/3	(1985)	S. 211–220

Zusammenhang zwischen Biomassen von einzelnen Algengruppen, Chlorophyllkonzentrationen und Fluoreszenzwerten im Müggelsee

Von G. SCHELLENBERGER, R. STELLMACHER, S. HOEG und E. ROHDE[1])

Zusammenfassung: Mittels linearer Mehrfachregression wurde aus den in einem eutrophen Flachwassersee durchgeführten Messungen von In-vivo-Fluoreszenz, Chlorophyll-a und Biomassen der einzelnen Algenarten bzw. -gruppen die spezifische Fluoreszenz bzw. der spezifische Chlorophyllgehalt der einzelnen Algengruppen ermittelt. Die Chlorophyllkonzentrationen und auch die spezifischen Fluoreszenzen von Blau- und Kieselalgen wiesen keine großen Unterschiede auf, während Cryptophyceen und Nannoplankter deutlich höhere Werte hatten. Bei den Fluoreszenzmessungen zeigte sich, daß ein beträchtlicher und nichtkonstanter Fluoreszenzanteil gelösten Verbindungen und nicht den Chlorophyllpigmenten entstammt.

Summary: Measurements of in vivo fluorescence, chlorophyll-a and biomasses of the different species and groups of phytoplankton made in a shallow eutrophic lake are used to establish, by the linear multidimensional regression method, the specific fluorescence and the specific chlorophyll contents of the various phytoplankton groups. Thereby, these properties turned out to be not strongly different for diatoms and blue-greens; nanoplanktonic and cryptophycean species showed enhanced values. A remarkable and nonconstant portion of fluorescence is contributed by soluble substances and not by chlorophyll pigments.

Резюме: На базе произведенных в эвтрофном мелководном озере измерений флуоресценции, хлорофилла-а и биомасс отдельных видов или групп фитопланктона установлены посредством линейной многомерной регрессии удельная флуоресценция и содержание хлорофилла различных групп водорослей. При диатомовых и сине-зеленых эти свойства незначительно различились, но высшие значения мы заметили при криптофитовых и

[1]) Dr. rer. nat. GÜNTER SCHELLENBERGER, Dr. sc. nat. RITA STELLMACHER, Techn. Biol. SIGRID HOEG, Akademie der Wissenschaften der DDR, Institut für Geographie und Geoökologie, Bereich Hydrologie, DDR-1162 Berlin, Müggelseedamm 260; Dr. rer. nat. EBERHARD ROHDE, Wasserwirtschaftsdirektion Oder/Havel, Hauptlaboratorium, DDR-1500 Potsdam, Berliner Straße 21–25.

видах наннопланктона. Измеряя хлорофили флуоресцентным методом надо учитывать, что существенная а непостоянная доля флуоресценции является следствием растворенных веществ а не пигментов хлорофилла.

Zur Reduzierung der raum-zeitlichen Beobachtungsdichte von Phytoplanktonbiomassen, deren Ermittlung sehr arbeitsaufwendig ist, werden im Bereich Hydrologie des Institutes für Geographie und Geoökologie (IGG) der AdW der DDR seit 1981 tägliche Fluoreszenzmessungen an Rohwasserproben des Müggelsees, die am Institutssteg gewonnen werden, durchgeführt. Diese Beobachtungen werden ergänzt durch wöchentliche Bestimmungen an weiteren Stellen im See, im Zu- und Abfluß sowie durch 14tägige in den Nachbarseen. Nachdem sich 1980 bei Probebestimmungen und deren Vergleich mit Chlorophyllmessungen der Oberflußmeisterei Berlin gezeigt hatte, daß ein nichtkonstanter Fluoreszenzanteil gelösten Verbindungen und nicht den Chorophyllen entstammt, wird seit Anfang 1981 der Fluoreszenzwert der Rohwasserprobe (FLU) und des Filtrats (FLU^F) bestimmt und aus der Differenz das Chlorophyll- bzw. Biomasseäquivalent FLU^P ermittelt, wobei im allgemeinen engporige Papierfilter verwendet wurden. Wie bei den Beobachtungen von CARLSON u. SHAPIRO [2] in Minnesotaseen besteht auch im Müggelsee ein Zusammenhang zwischen den Fluoreszenzwerten des Filtrats und der Wasserfarbe, wobei bei Algenzusammenbrüchen der Wasserfarbengang dem von FLU^F nachhinkt. Der Anteil von FLU^F an FLU schwankte in den Beobachtungsjahren 1981/82 im Müggelsee zwischen 17 und 78%. Ähnliche Werte stellten CARLSON u. SHAPIRO in 25 Minnesotaseen (14—100%) und TUNZI u. a. in 10 Seen und Stauseen Kaliforniens fest (4—67%) (s. [2]).

Die Fluoreszenzmessungen wurden mit einem TURNER-111-Fluorometer vorgenommen, wobei entsprechend den Empfehlungen von LORENZEN [6] die blaue Lampe 110-853, das blaue Primärfilter 5-60 und das rote Sekundärfilter 2-64 verwendet wurden. Benutzt wurden 25-ml-Durchflußküvetten, und die hier angegebenen Fluoreszenzwerte sind auf Blende 1 bezogen. Die fluorometrische Bestimmungsmethode des Chlorophylls (in vivo) wird wegen ihrer Einfachheit weltweit angewandt. Dabei hat sich auch gezeigt, daß der Fluoreszenzwert dem Chlorophyllgehalt (meist als CHL_a bestimmt) anscheinend nicht streng proportional ist, so daß verschiedene Modifikationen des Verfahrens, z.B. mittels Diuron (DCMU) von PARKER u. TRANTER [8] oder bei der Berücksichtigung fluoreszierender, aber keine Chlorophyllpigmente enthaltender Substanzen (z.B. TOLSTOY [13]), vorgeschlagen wurden. Hier kann nicht eine Übersicht aller publizierter FLU-CHL-Vergleiche gegeben, soll auch nicht eine weitere Einschätzung der fluorometrischen CHL-Bestimmungsmethode vorgenommen werden, sondern aus den variierenden FLU/CHL-Quotienten die Folgerung gezogen werden, daß es zumindest vorläufig zweckmäßig ist, die Fluoreszenzmeßwerte direkt und nicht in Chlorophyll bzw. Algenbiomasse umgerechnete Größen anzugeben.

In diesem Kurzbericht wird das bisherige Beobachtungsmaterial benutzt, um den Zusammenhang zwischen den Biomassen der einzelnen Algengruppen und dem sich ergebenden summarischen Fluoreszenzwert aufzuzeigen. Die im Bereich Hydrologie des IGG durchgeführten Biomasseermittlungen beziehen sich auf dieselbe Probe, in der auch die Fluoreszenz bestimmt wurde. Für 1982 wurden vorrangig die Pentadenmittel von FLU^P und die Pentadensammelproben des Phytoplanktons verwendet. Für eine Pentadensammelprobe wurden täglich 5 cm^3 Müggelseewasser, die morgens am Institutssteg aus einer Wassertiefe von ca. 0,5 m entnommen wurden, fixiert und in einem Fläschchen über 5 Tage gesammelt. Mittels linearer Mehrfachregression haben wir zu erkennen versucht, welcher Fluoreszenzanteil auf die Algengruppen Cyanophyceen, Bacteriophyceen und „Sonstige" (im wesentlichen Cryptophyceen, Chlorophyceen und nicht näher bestimmte Nannoplankter) entfällt. Eine weitergehende Aufschlüsselung der Algenzönose schätzten wir wegen der kleiner werdenden Besetzungszahlen als nicht zweckmäßig ein. Eine Spezifizierung wurde nachträglich nur bei den Blaualgen vorgenommen, um das anscheinend geringere Fluoreszenzvermögen der Gattung *Microcystis*, die 1982 im Müggelsee mit beträchtlichen Abundanzen vertreten war, sichtbar zu machen.

Wie sich die Algenzönose des Müggelsees gruppenmäßig in den Beobachtungsjahren 1981/82 zusammensetzte, zeigt Abb. 1. Bereits aus dieser Abbildung ist zu erkennen, daß vor allem die „Sonstigen", die im Spätwinter einen beträchtlichen Anteil an der Gesamtbiomasse stellen können, eine hohe spezifische Fluoreszenz FLU^P/B zeigen (B ist die gesamte Algenbiomasse in mg/l). Da die gesamte Algenbiomasse im Spätwinter gering ist (s. Abb. 1 unten), bleibt die Biomasse der Sonstigen auch in dieser Jahreszeit klein.

Inwieweit die in den Wintern 1981/82 und 1982/83 unterschiedliche spezifische Fluoreszenz nur auf die artspezifische Fluoreszenz zurückgeführt werden kann oder ob auch andere Faktoren (z.B. unterschiedliche Lichtbedingungen durch Eisbedeckung) eine Rolle spielen, kann noch nicht näher analysiert werden. Wir wollen hier nur vermerken, daß die Sonstigen im Februar 1982 eine Biomasse von 3,77 mg/l (94% von B) und im Februar 1983 eine von 1,35 mg/l (53% von B) hatten. In beiden Wintern bildeten Nannoplankter die Hauptmasse, wobei vor allem die Klasse mit Zellvolumina zwischen 100 und 300 μm^3 1982 bedeutend höhere Anteile als 1983 stellte (Februar 1982: $0{,}338B$, Februar 1983: $0{,}146B$), während die Differenz in der Klasse bis 100 μm^3 nicht so stark ausgeprägt war (Februar 1982: $0{,}304B$, Februar 1983: $0{,}235B$). Wegen der hohen spezifischen Fluoreszenzwerte im Winter 1981/82 umfaßt die Spannweite der bisher beobachteten FLU^P/B-Werte praktisch eine Dekade ($\approx 0{,}3$ bis $\approx 3{,}0$).

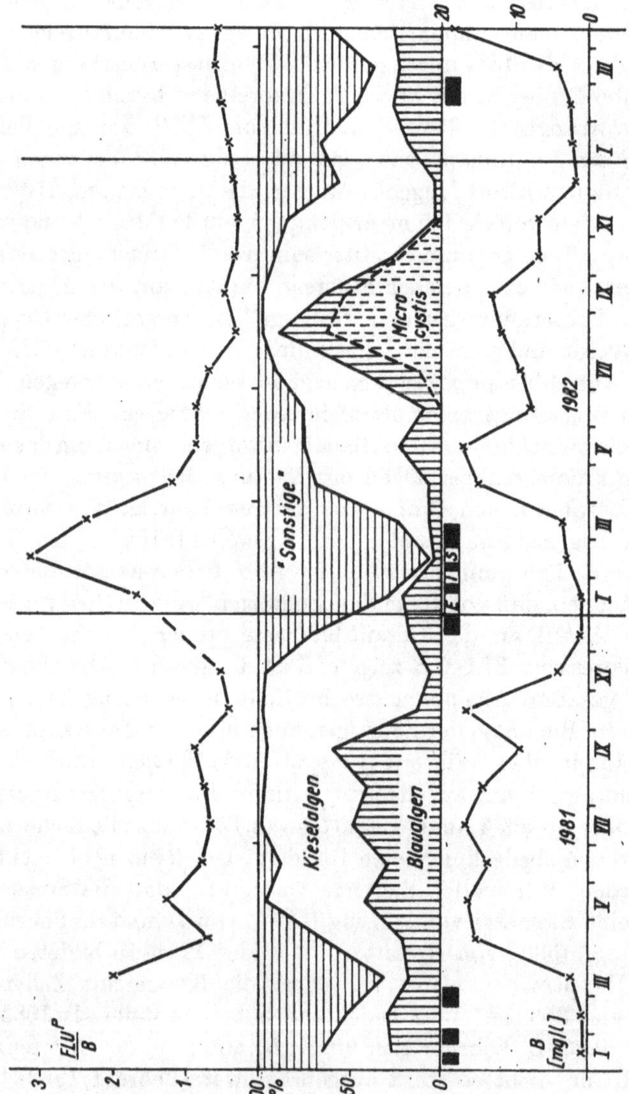

Abb. 1. Zeitlicher Gang der spezifischen Fluoreszenz FLU^P/B (oben), der Algengruppenanteile (Mitte) und der gesamten Biomasse (unten) im Müggelsee

In der Vegetationsperiode sind die Schwankungen wesentlich geringer, wobei sich ein Jahresgang, der artenspezifisch oder algenphysiologisch bedingt sein kann, andeutet. Bei der Mehrfachregression mit der Jahreszeit als zusätzliche unabhängige Variable zeigte sich aber, daß die Größe der Reststreuung, das Unbestimmtheitsmaß, nicht wesentlich reduziert werden konnte.

Bei der Mehrfachregression gingen wir zunächst von der Beziehung

$$\mathrm{FLU}^P = a_0 + a_C C + a_D D + a_S S$$

bzw.

$$\mathrm{FLU}^P = a_0 + a_{C^-} \cdot C^- + a_M M + a_D D + a_S S$$

aus; dabei bezeichnen $C = C^- + M$ die Biomasse aller Cyanophyceen (M ist die von *Microcystis* sp.), D und S die Biomasse der Diatomeen bzw. die der „sonstigen" Algen.

Untersucht man das Persistenzverhalten der einzelnen Reihen, so zeigt sich, daß die meisten Reihen (auch bei der weiter unten beschriebenen Chlorophyll-Biomasse-Beziehung) persistent sind. Das hat zur Folge, daß die berechneten Regressionskoeffizienten nicht effizient sind, daß heißt, es gibt andere Schätzungen, die eine geringere Streuung besitzen. Wir werden daher die übliche Forderung, daß die Regressionshyperebene durch den Schwerpunkt verläuft, aufgeben und dafür annehmen, daß sie durch einen vorgegebenen Punkt P_0 geht (Stange [11]).

Wenn y die abhängigen und die x_i die unabhängigen Variablen bezeichnen, lautet die gesuchte Regressionsgleichung

$$y = y_0 + \sum_{i=1}^{p} b_i(x_i - x_{i0}) .$$

Die Normalengleichungen zur Bestimmung der Regressionskoeffizienten b_i ergeben sich nach der Methode der kleinsten Quadrate zu

$$b_1 \sum_{j=1}^{n} (x_{1j} - x_{10})^2 + \dots + b_p \sum_{j=1}^{n} (x_{1j} - x_{10})(x_{pj} - x_{p0}) =$$

$$= \sum_j (y_j - y_0)(x_{1j} - x_{10})$$

$$\vdots$$

$$b_1 \sum (x_{1j} - x_{10})(x_{pj} - x_{p0}) + \dots + b_p \sum (x_{pj} - x_{p0})^2 =$$

$$= \sum (y_j - y_0)(x_{pj} - x_{p0}) .$$

Für den Fall $P_0 = P_0(0, 0, \dots, 0)$ vereinfacht sich das Gleichungssystem zu

$$b_1 \sum x_{1j}^2 + \dots + b_p \sum x_{1j}x_{pj} = \sum y_j x_{1j}$$

$$\vdots$$

$$b_1 \sum x_{1j}x_{pj} + \dots + b_p \sum x_{pj}^2 = \sum y_j x_{pj}$$

Das beobachtete Bestimmtheitsmaß läßt sich aus

$$\hat{B}^{(0)} = S^{(0)}_{yy}/s^{(0)}_{yy}$$

berechnen, wobei $S^{(0)}_{yy}$ dem Streuungsanteil entspricht, der durch den linearen Zusammenhang zwischen y und x_i erklärt wird, und $s^{(0)}_{yy}$ die Abweichungen $(y_j - y_0)$ charakterisiert.

Unter der Bedingung, daß die Regressionshyperebene durch den Nullpunkt geht, ergibt sich aus den 49 Einzel- und Pentadenwerten von 1982 folgende Beziehung:

$$\mathrm{FLU}^P = 0{,}275C + 0{,}519D + 1{,}712S, \qquad \hat{B}^{(0)} = 87{,}2\%$$

bzw.

$$\mathrm{FLU}^P = 0{,}394C^- + 0{,}224M + 0{,}522D + 1{,}632S, \qquad \hat{B}^{(0)} = 87{,}4\%\,.$$

Aus der vorgenommenen Mehrfachregression können folgende Schlußfolgerungen gezogen werden:

- Die jetzige Annahme, daß die Regressionshyperebene durch den Nullpunkt geht, erscheint plausibel (keine partikuläre Fluoreszenz, wenn keine Algen vorhanden sind). Damit ist natürlich nicht gesagt, daß bei dieser Annahme die Reststreuung das Minimum erreicht. Im Vergleich zur Regression durch den Schwerpunkt ergibt sich aber eine deutliche Verringerung der Reststreuung von 30 bis 40% auf etwa 13%. Dieses Ergebnis kann Bedeutung bei allen Regressionsanalysen haben, bei denen ein Durchgang durch den Nullpunkt erwartet werden muß.
- Die spezifische Fluoreszenz der Blaualgen scheint etwas geringer als die der Kieselalgen zu sein. Dieses vorläufige Ergebnis ist bei Vorliegen weiterer Jahresreihen zu präzisieren, da sich bei der Analyse der spezifischen Chlorophyllkonzentrationen zeigt, daß der spezifische Chlorophyllgehalt von Blaualgen in manchen Jahren anscheinend kleiner, in anderen größer ist als in Kieselalgen.
- Die Genauigkeit der Biomassebestimmung für die Gattung *Microcystis* reicht zur Zeit nicht aus, um mit Sicherheit zu folgern, daß die spezifische Fluoreszenz von *Microcystis* geringer als die der anderen Blaualgen ist.
- Die spezifische Fluoreszenz von Nannoplanktern, Cryptophyceen und weiteren Algengruppen, die wir hier als „Sonstige" bezeichnet haben, liegt drei- bis viermal so hoch wie die von Cyanophyceen und Bacteriophyceen. Eine weitere Aufteilung, die sicherlich unterschiedliche Werte von Untergruppen erbringen würde (bei einem Wert von 1,63 bzw. 1,71 sind die FLU^P/B-Werte vom Spätwinter 1982 mit Größen bis 3 nicht erklärbar), ist bei den geringen Biomassen der Sonstigen im Müggelsee nicht sinnvoll.

— Wie man aus Abb. 2 erkennt, ist die Übereinstimmung zwischen gemessenen und aus den Biomassen berechneten Fluoreszenzwerten im Anpassungszeitraum am besten. Größere Abweichungen bestehen Ende Oktober/November 1982 und Ende April 1983. Sie weisen darauf hin, daß mit zunehmendem Beobachtungsmaterial Präzisierungen beim Zusammenhang Fluoreszenz/Algenbiomasse möglich sind, wobei Präzisierungen nicht bloß artspezifische Unterschiede erfassen müssen.

Da aus dem festgestellten Zusammenhang zwischen partikulärer Fluoreszenz und Algenbiomasse nicht ersichtlich ist, ob gruppenspezifische Unterschiede auf unterschiedliche Chlorophyllanteile oder auf unterschiedliches Fluoreszenzvermögen zurückzuführen sind, soll noch auf den Zusammenhang zwischen Chlorophyllkonzentration und Biomassen der Algengruppen eingegangen werden. Für den Vergleich zogen wir Chlorophyll-a-Messungen aus den Jahren 1978 bis 1981 heran, die von der Wasserwirtschaftsdirektion (WWD) Oder/Havel im Wochenabstand am Müggelseeausfluß nach [1] durchgeführt werden. Die Biomassewerte beruhen auch hier auf Algenzählungen des Bereichs Hydrologie des IGG. Die Algenproben wurden zum größten Teil am Institutssteg, ansonsten an der tiefsten Stelle des Müggelsees im allgemeinen einen Tag vor der WWD-Probenentnahme gewonnen (Hoeg [4]). Befürchtungen, daß durch die Korrelation von Parametern, die nicht derselben Wasserprobe entstammen, der Zusammenhang weitgehend verwischt wird, bestätigten sich nicht. Auch beim Zusammenhang Chlorophyll-a/Algenbiomasse war das Bestimmtheitsmaß bei Mehrfachregression durch den Nullpunkt im Mittel um 18,6% höher als bei der durch den Schwerpunkt. Für die vier Beobachtungsjahre erhielten wir folgende Beziehungen:

$$1978\colon\ \mathrm{CHL}_a = 2{,}31C + 2{,}14D + 5{,}87S,\quad N = 47,\quad \hat{B}^{(0)} = 84{,}7\%;$$

$$1979\colon\ \mathrm{CHL}_a = 5{,}34C + 1{,}97D + 17{,}78S,\quad N = 42,\quad \hat{B}^{(0)} = 75{,}7\%;$$

$$1980\colon\ \mathrm{CHL}_a = 1{,}59C + 4{,}58D + 5{,}72S,\quad N = 49,\quad \hat{B}^{(0)} = 87{,}3\%;$$

$$1981\colon\ \mathrm{CHL}_a = 3{,}11C + 3{,}04D + 3{,}30S,\quad N = 50,\quad \hat{B}^{(0)} = 88{,}6\%.$$

CHL_a ist in µg/l und die Biomassen sind in mm³/l (≈ mg/l) angegeben. N bedeutet den Werteumfang.

Aus der Regressionsanalyse lassen sich folgende vorläufige Schlüsse ziehen:

— Es überrascht die hohe Korrelation von Parametern, die nicht aus derselben Müggelseeprobe gewonnen wurden (s. auch Schellenberger und Stellmacher [10]).

— Der Chlorophyll-Biomasse-Quotient war bei den Blaualgen (wie bei den anderen Algengruppen) von Jahr zu Jahr verschieden und lag im Mittel

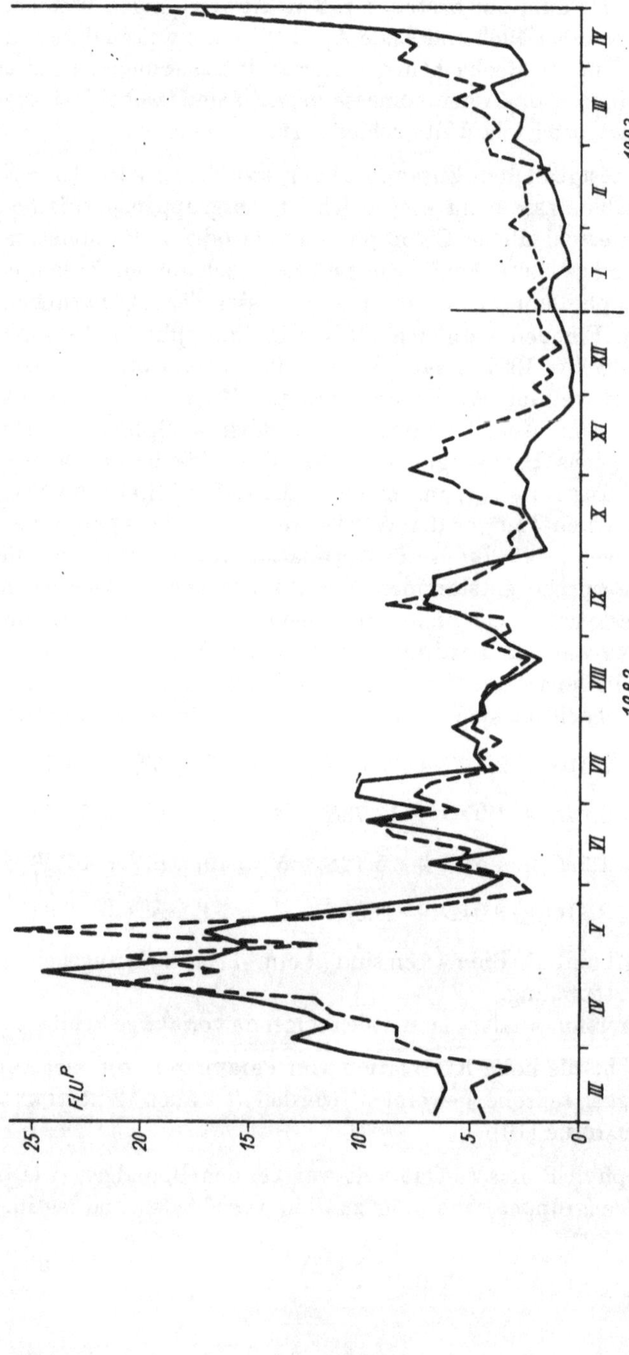

Abb. 2. Vergleich der gemessenen (———) und der aus der Regressionsgleichung berechneten (– – –) partikulären Fluoreszenzwerte FLU^P

(nach Biomasseanteilen gewichtet gemittelt) bei 2,46‰. Die relative Chlorophyllkonzentration war bei den Kieselalgen bei einem gewichteten Mittelwert von 2,89‰ etwas höher als bei den Blaualgen (bei den arithmetischen Mitteln mit 2,93 gegenüber 3,09‰ praktisch gleich). 1978 und 1981 entsprach die Chlorophyllkonzentration der Blaualgen etwa der der Kieselalgen; 1979 war sie in den Blaualgen höher, 1980 in den Kieselalgen, so daß ein prinzipieller Unterschied des Chlorophyllgehaltes in Cyanophyceen und Bacteriophyceen nicht feststellbar ist. Die Herbstentwicklungen von *Stephanodiscus astraea* zeichnen sich anscheinend durch einen verringerten Chlorophyll- und Fluoreszenzanteil aus (DE KLOET [3] fand im See Vechten für *St. astraea* relative Chlorophyllkonzentrationen von 0,8 bis 1,1‰.)

— Die relative Chlorophyllkonzentration der „Sonstigen" lag wie bei den spezifischen Fluoreszenzen deutlich höher als bei Kiesel- und Blaualgen. Der sehr hohe Wert von 1979 ist unsicher, da in diesem Jahr bei einem Jahresmittel von 0,43 mg/l gegenüber dem 4-Jahres-Durchschnitt von 1,06 mg/l die Sonstigen schwach vertreten waren.

— Bei den 1978 bis 1981 im Müggelsee festgestellten Biomasseanteilen von Kiesel-, Blau- und sonstigen Algen ergibt sich im Mittel $CHL_a/B = 3{,}64‰$.

Vergleicht man diese relativen Chlorophyllkonzentrationen mit den Werten, die NICHOLLS u. DILLON [7] in einer Übersicht publizierten, so fällt auf, daß wir mit etwa 3‰ im unteren Bereich der relativ großen Spannbreite in dieser Zusammenschau liegen (1 bis 97‰). DE KLOET [3] fand im See Vechten eine Spannbreite von 0,8 bis 6,5‰ (mit Jahresmitteln von 2 bzw. 3‰) und vermerkt dazu, daß dieser Bereich vergleichbar mit Werten von anderen temperierten Seen ist.

Wir wollen diesen Vergleich über den relativen Chlorophyllgehalt mit einigen Angaben ergänzen, die in der Übersicht von NICHOLLS u. DILLON nicht enthalten sind, und auch die Unterschiede zwischen den einzelnen Algengruppen berücksichtigen. So findet z. B. KAMŠILOV [5] in Auswertung von Untersuchungen vor allem an Wolga-Stauseen etwa gleiche Chlorophyllkonzentrationen bei Blaualgen und Frühjahrskieselalgen von 3—4‰, während Grünalgen 5‰ aufwiesen. In einer Übersicht über entsprechende Beobachtungen in verschiedenen Gewässern der Sowjetunion schwanken die relativen Chlorophyllkonzentrationen zwischen 1,5 und 5,4‰ bei einem Mittelwert von 3‰ (PYRINA u. ELIZAROVA [9]). Laborkulturen verschiedener Diatomeenarten wiesen Werte von 1,2‰ auf, bei verschiedenen Cyanophyceenarten betrugen sie 1,3‰ und bei Chlorophyceen 5,9‰. Nach TOLSTOY [12] sind in schwedischen Seen bei Blau- und Kieselalgen Werte zwischen 3 und 6‰, bei Cryptophyceen solche zwischen 5 und 11‰ anzutreffen.

Unsere Feststellung, daß die Chlorophyllkonzentrationen und auch die spezifischen Fluoreszenzen von Blau- und Kieselalgen im Müggelsee anscheinend keine großen Unterschiede aufweisen, während Cryptophyceen und Nannoplankter deutlich höhere Werte haben, entspricht demnach den Befunden an anderen Seen, sollte aber mit größerem Beobachtungsmaterial erhärtet werden.

Literatur

[1] Ausgewählte Methoden der Wasseruntersuchung, 2. Aufl., Bd. II., Jena 1982.

[2] CARLSON, R. E., u. J. SHAPIRO, Dissolved Humic Substances: A Major Source of Error in Fluorometric Analyses Involving Lake Waters. Limnol. and Oceanogr. **26** (1981), 785—790.

[3] DE KLOET, W. A., The Primary Production of Phytoplankton in Lake Vechten. Hydrobiology **95** (1982), 37—57.

[4] HOEG, S., Betrachtungen zur Jahresdynamik des Phytoplanktons im Müggelsee (1976—1979). Acta hydrophys. **28** (1983), 5—36.

[5] KAMŠILOV, M. M., Einige Untersuchungsergebnisse zum Stoffkreislauf und zur biologischen Selbstreinigung der Gewässer (russ.). Gidrobiol. Ž. **13** (1977) 1, 5—13.

[6] LORENZEN, C. J., A Method for Continuous Measurement of in vivo Chlorophyll Concentration. Deep-Sea Res. **13** (1966), 223—227.

[7] NICHOLLS, K. H., u. P. J. DILLON, An Evaluation of Phosphorus-Chlorophyll-Phytoplankton Relationships for Lakes. Internat. Rev. ges. Hydrobiol. **63** (1978) 2, 141—154.

[8] PARKER, R. R., u. D. J. TRANTER, Estimation of Algal Standing Stock and Growth Parameters Using in vivo Fluorescence. Austral. J. Mar. and Freshwater Res. **32** (1981), 629—638.

[9] PYRINA, I. L., u. V. A. ELIZAROVA, Chlorophyllgehalt im Phytoplankton einiger Süßgewässer (russ.). 2-e Vsesojuzn. Limnol. Soveŝč. po krugovorotu veŝčestva i ėnergii v ozernych vodoemach (1975), 85—89.

[10] SCHELLENBERGER, G., u. R. STELLMACHER, Raum-zeitliche Schwankungen hydrooptischer Parameter im Müggelsee und ihr Zusammenhang mit den Zuflußwerten (in Vorbereitung).

[11] STANGE, K., Angewandte Statistik, 2. Teil: Mehrdimensionale Probleme, Berlin/Heidelberg/New York 1971.

[12] TOLSTOY, A., Chlorophyll a as a Measure of Phytoplankton Biomass. Acta Univ. upsal. **416** (1977).

[13] TOLSTOY, A., Methods of Determining Chlorophyll a in Phytoplankton. NLU Rapport **91** (1977).

FSC
www.fsc.org
MIX
Papier | Fördert
gute Waldnutzung
FSC® C083411

Zeitfracht Medien GmbH
Ferdinand-Jühlke-Straße 7
99095 Erfurt, Deutschland
produktsicherheit@kolibri360.de